国家自然科学基金青年基金项目(41702130)资助
中国博士后科学基金特别资助项目(2017T100419)资助

鄂尔多斯盆地现今地应力场与致密油勘探开发

鞠　玮　牛小兵　侯贵廷
冯胜斌　尤　源　　　　　著

中国矿业大学出版社
·徐州·

内 容 提 要

储层现今地应力与油气勘探开发关系密切，在油气运移与富集规律分析、压裂施工、钻完井工程以及井网部署等方面均有重要应用。本书在系统总结现今地应力分析方法与技术基础上，以鄂尔多斯盆地上三叠统延长组致密油储层为研究对象，量化表征了其现今地应力状态。整体上，延长组致密油储层现今地应力场优势方位表现为 ENE-WSW～NE-SW向，由于天然裂缝、层理等力学性质薄弱面的存在，不同油层组现今地应力方向略有差异；现今地应力大小随着埋藏深度的增加而增大，与埋藏深度表现为正相关性。垂向主应力（S_v）、水平最大主应力（S_{Hmax}）和水平最小主应力（S_{hmin}）的大小总体遵循 $S_v > S_{Hmax} > S_{hmin}$ 的规律，属正断型应力机制。基于延长组现今地应力量化表征结果，对其在天然裂缝渗透性、钻井工程以及致密油开发等方面的应用和控制作用进行了探讨与分析。

本书可供储层地质、地应力分析、石油地质等研究方向的科研人员和高等院校师生阅读和参考。

图书在版编目(CIP)数据

鄂尔多斯盆地现今地应力场与致密油勘探开发 / 鞠玮等著.—徐州 ：中国矿业大学出版社，2021.1

ISBN 978 - 7 - 5646 - 4409 - 3

Ⅰ.①鄂… Ⅱ.①鞠… Ⅲ.①鄂尔多斯盆地—地应力场—致密砂岩—砂岩油气藏—油气勘探—研究 Ⅳ.①P618.130.8

中国版本图书馆 CIP 数据核字(2020)第 219947 号

书　　名　鄂尔多斯盆地现今地应力场与致密油勘探开发
　　　　　　Eerduosi Pendi Xianjin Diyinglichang yu Zhimiyou Kantan Kaifa
著　　者　鞠　玮　牛小兵　侯贵廷　冯胜斌　尤　源
责任编辑　潘俊成　王美柱
出版发行　中国矿业大学出版社有限责任公司
　　　　　　（江苏省徐州市解放南路　邮编 221008）
营销热线　（0516）83884103　83885105
出版服务　（0516）83995789　83884920
网　　址　http://www.cumtp.com　**E-mail**：cumtpvip@cumtp.com
印　　刷　江苏凤凰数码印务有限公司
开　　本　787 mm×1092 mm　1/16　**印张** 10　**字数** 256 千字
版次印次　2021 年 1 月第 1 版　2021 年 1 月第 1 次印刷
定　　价　45.00 元

前　言

鄂尔多斯盆地是中国第二大含油气盆地，位于中国大陆中部，是一个沉降稳定、拗陷迁移、扭动明显的多旋回沉积盆地，其内石油资源主要富集于上三叠统延长组，且素以低渗透闻名于世，属于非常规致密油藏。致密油是继页岩气之后全球非常规油气勘探开发的又一新热点，自2011年以来，我国在鄂尔多斯盆地开展了致密油勘探地质理论创新、核心配套技术攻关以及水平井试验区建设，取得了一系列重大突破，完成了由"必然王国"到"自由王国"质的飞跃，在中国非常规石油勘探开发中具有里程碑式的重要意义。

现今地应力与致密油勘探开发关系密切，在致密储层改造(压裂设计与评估等)、石油运移与富集规律分析、钻(完)井工程以及井网部署等方面均具有重要应用，因此，对现今地应力场及其应用开展相关研究极为必要。本书通过系统归纳现今地应力研究的方法体系，提出致密油储层地应力分析的有效方法，总结其在石油工程等领域的实际应用，不仅能完善现有的致密油储层现今地应力研究理论体系，而且还可为鄂尔多斯盆地致密油勘探开发提供新的地质参考。

本书共包括5章，第1章为总体介绍，主要阐述了地应力相关概念、来源及分布特征，致密油概念、分布与特征以及现今地应力研究的意义。第2章以延长组致密油形成的地质背景和特征作为主线，对晚三叠世盆地格局、上三叠统沉积体系以及致密油的整体特征进行介绍。第3章详细归纳总结了现今地应力研究的方法，可以利用震源机制解法、钻孔崩落法、钻井诱导缝法、波速各向异性法、差应变法、黏滞剩磁法、岩石声发射实验法、微地震监测法、地面电位法和测井资料法等确定地应力方向，通过水压致裂法、岩石声发射实验法、测井资料估算法、钻孔崩落法、差应变法、井壁诱导压裂法、数值模拟法、地震预测法、钻孔应力解除法和扁千斤顶法等确定地应力大小。第4章为鄂尔多斯盆地延长组现今地应力场的分析结果，整体上延长组致密油储层现今地应力场表现为ENE-WSW～NE-SW向的优势方位，属正断型应力机制。第5章介绍了鄂尔多斯盆地延长组现今地应力场在天然裂缝渗透性研究、钻井工程和致密油开发等方面的应用。

本书依据现有资料对鄂尔多斯盆地延长组致密油储层现今地应力场开展初步研究，尚有很多内容有待丰富和完善，期待本书的出版能在鄂尔多斯盆地现今地应力研究及其应用方面起到抛砖引玉的作用。

本书编写过程中得到了中国石油长庆油田勘探开发研究院、北京大学、煤层气资源与成藏过程教育部重点实验室、中国矿业大学资源与地球科学学院以及中国石油勘探开发研究院等单位相关专家、学者的大力支持与帮助，在此一并表示诚挚感谢。另外，笔者在书中引用了大量国内外参考文献，借此机会对这些文献的作者表示感谢。

本书得到了国家自然科学基金青年基金项目(41702130)和中国博士后科学基金特别资助项目(2017T100419)的联合资助。

由于时间仓促和作者水平所限，书中难免存在不妥之处，恳请读者谅解并予以批评指正。

著　者

2020 年 6 月

目　　录

第1章　绪　　论

1.1　地应力概述

1.1.1　地应力相关概念

处于地壳中的任何地质体都会受到相邻介质的作用力。研究对象以外的物体对被研究对象所施加的作用力称为外力，而由外力作用引起的物体内各部分之间的相互作用力称为内力，外力与内力是一组相对概念(曾佐勋等，2008)。应力是指物体内截面某点单位面积上的内力，是矢量，可以合成或分解。应力的国际单位为帕斯卡(Pascal)，简称帕(Pa)，即 N/m^2。

地应力是指存在于地壳中的内应力(Bell，1996b；李志明等，1997)，按时间尺度可分为古地应力和现今地应力。古地应力是地质历史时期中某时间的应力状态，现今地应力是指地壳中目前存在的应力。地应力是一种随着时间在不断变化的“场”(周文等，2007)。

盆地现今地应力复杂，在对其开展研究时会涉及一系列的相关概念(李志明等，1997)，诸如：

正应力与剪应力：岩石内任意截面上所受合应力可运用平行四边形法则分解为与该截面垂直的正应力和与该截面平行的剪应力。在地质学应力分析中，压应力为正，张应力为负；逆时针剪应力为正，顺时针剪应力为负。

主应力与主应力轴：在外力作用下，岩石内部与外力作用方向垂直的截面上只产生正应力，不产生剪应力。这种与外力作用方向平行的正应力称为主应力，与主应力垂直的截面称为主平面，主平面的法线称为主应力轴，代表了主应力作用的方向。

原地应力：是指地层岩石在经过人工开挖或扰动以前的天然应力。

扰动应力：由于地表和地下加载或减载、开挖等引起原地应力发生改变所产生的应力。

构造应力：导致构造运动、岩石发生变形与破裂形成各种构造形迹的应力。

残余应力：是指经历多期变形和破裂后尚存于地层岩石中的应力。

热应力：由于地层温度变化而引起的内应力，其主要与岩石热力学性质及温度变化有关。

孔隙压力与有效应力：盆地内任何类型岩石均由孔隙和岩石骨架承受地应力，由岩石孔隙中的流体所承受的应力称为孔隙压力，由岩石骨架承受的应力称为有效应力。

应力状态：岩石内任一点的无数个方向不同截面上的应力情况，即岩石内部该点的应力状态，通常用应力大小和方向进行表征，并可根据主应力值是否为零分为单轴应力状态、双轴应力状态和三轴应力状态。

绝大多数盆地处于复杂三轴应力环境中，盆地的演化发展是在一定的地应力状态作用下的产物，正确认识并分析地应力状态是有效解决油气勘探开发的重要方面。由于重力加速度的方向竖直向下，且地球表面与空气之间无剪切应力作用，因此，盆地内彼此相互垂直的三轴应力状态中的一个应力主轴趋于垂直地面（Anderson，1951），其表征参数可简化为垂向主应力（S_v）大小、水平最大主应力（S_{Hmax}）大小、水平最小主应力（S_{hmin}）大小和水平主应力方向（Bell，1996a；Zoback et al.，2003；Rajabi et al.，2010；Schmitt et al.，2012；Ju et al.，2017a）。

依据 S_v、S_{Hmax} 和 S_{hmin} 相互之间的大小关系，地层中的应力状态存在以下三种应力机制类型（Anderson，1951；图 1-1），即：

① 正断型应力机制，$S_v > S_{Hmax} > S_{hmin}$；

② 走滑型应力机制，$S_{Hmax} > S_v > S_{hmin}$；

③ 逆断型应力机制，$S_{Hmax} > S_{hmin} > S_v$。

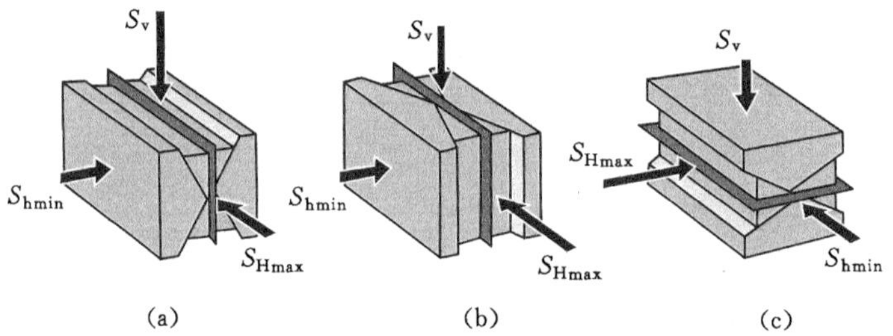

图 1-1　地应力机制类型

(a) 正断型应力机制；(b) 走滑型应力机制；(c) 逆断型应力机制

1.1.2　现今地应力来源

现今地应力来源较为复杂，一般认为主要由上覆岩层重力、构造应力和热应力等耦合构成。

1.1.2.1　上覆岩层自重应力

上覆岩层自重应力，即垂向主应力，其大小主要取决于岩石的体积密度与埋藏深度（Zoback et al.，2003；周文等，2007；Brooke-Barnett et al.，2015）：

$$S_v = \int_0^h \rho(h) \cdot g \cdot dh \tag{1-1}$$

式中　S_v——上覆岩层重力（垂向主应力）；

ρ——岩石的体积密度；

h——埋藏深度。

1.1.2.2　构造应力

板块俯冲、洋脊扩展等构造活动导致地壳内岩石普遍经受构造应力作用（Frisch et al.，2010），但不同盆地所处的构造部位各异，导致其内构造应力大小与方向不尽相同。即便同一盆地内的不同区域和深度，其构造应力状态也存在差异。由于岩浆侵入、断层错断、岩层变形以及基底形态等因素影响（Faulkner et al.，2006；Brooke-Barnett et al.，2015），在同一盆地内会形成局部构造应力，在构造活动强烈的地区，可出现水平主应力大于垂向主应力的现象。

1.1.2.3　热应力

盆地中由于岩浆侵入导致的局部热效应、断裂带的热液影响以及地层中矿物转化过程中的热释放等，均能引起局部应力变化（周文等，2007）。

由于温差形成的热应力为（Engelder，1993）：

$$\Delta S = E \cdot \alpha \cdot (T_1 - T_2) \cdot (1 - \mu) \tag{1-2}$$

式中　ΔS——由温度变化导致的热应力；

E——岩石的杨氏模量；

α——岩石的热膨胀系数；

T_1，T_2——变化前后的温度；

μ——岩石的泊松比。

1.1.3　现今地应力分布特征

1.1.3.1　全球现今地应力场

依据全球不同地区的实测资料，Brown 等（1978）最先分析了全球现今地应力随深度变化的规律。垂向主应力与埋藏深度具正相关性（图 1-2），平均水平主应力与垂向主应力的比值，即侧压系数（λ），在地壳浅部（<1 200 m），此值多大于 1.0（图 1-3），说明盆地浅层经常出现水平主应力大于垂向主应力的情况，反映了地壳内构造应力作用的存在。

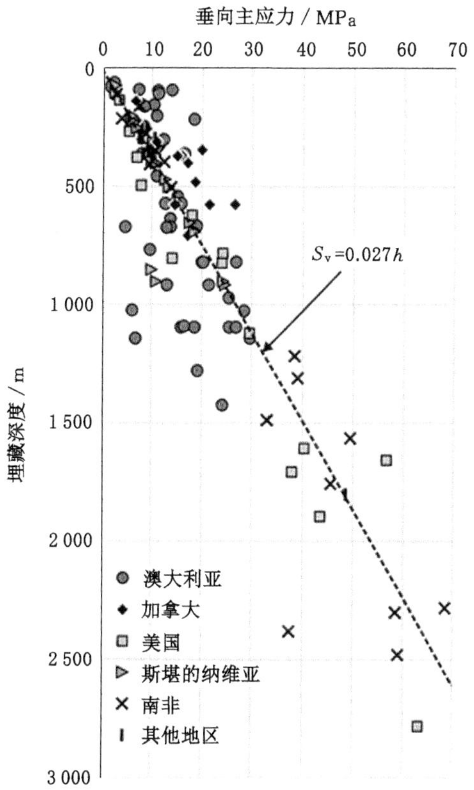

图 1-2　全球垂向主应力与埋藏深度关系图（据 Brown 等，1978）

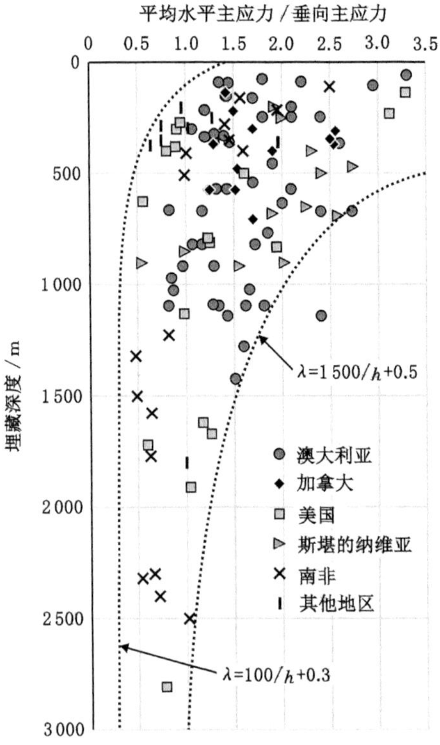

图 1-3　全球平均水平主应力/垂向主应力随埋藏深度变化关系图(据 Brown 等,1978)

$$S_v = \gamma \cdot h = 0.027h \tag{1-3}$$

$$\lambda = \frac{S_{Hmax} + S_{hmin}}{2S_v} \tag{1-4}$$

式中　S_v——垂向主应力；

S_{Hmax},S_{hmin}——水平最大和最小主应力；

γ——垂向主应力梯度；

h——埋藏深度；

λ——侧压系数。

全球地应力侧压系数的包络线(Brown et al.,1978)为：

$$\frac{100}{h} + 0.3 < \lambda < \frac{1\,500}{h} + 0.5 \tag{1-5}$$

式中　h——埋藏深度；

λ——侧压系数。

朱焕春等(1994)分析了世界范围内的岩浆岩、沉积岩和变质岩中实测地应力资料(图1-4～图1-6),发现不同岩石类型中地应力分布各不相同,但均与埋藏深度正相关,即随着埋藏深度的增加,地应力值逐渐变大。

岩浆岩中实测水平主应力随深度变化规律(图1-4)：

$$\begin{cases} S_{Hmax} = 0.031\,1h + 13.65 \\ S_{hmin} = 0.013\,1h + 8.20 \end{cases} \tag{1-6}$$

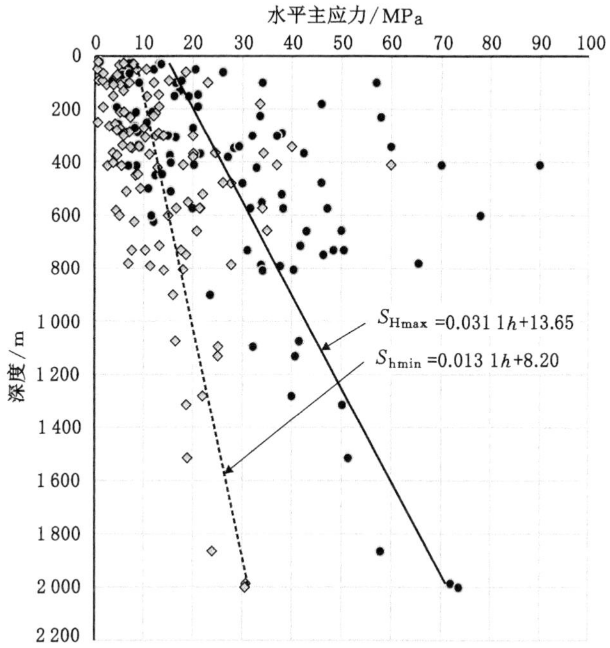

图 1-4　全球岩浆岩中实测水平主应力随深度变化规律(据朱焕春等,1994)

沉积岩中实测水平主应力随深度变化规律(图 1-5)：

$$\begin{cases} S_{\mathrm{Hmax}} = 0.021\ 9h + 7.89 \\ S_{\mathrm{hmin}} = 0.016\ 1h + 3.83 \end{cases} \tag{1-7}$$

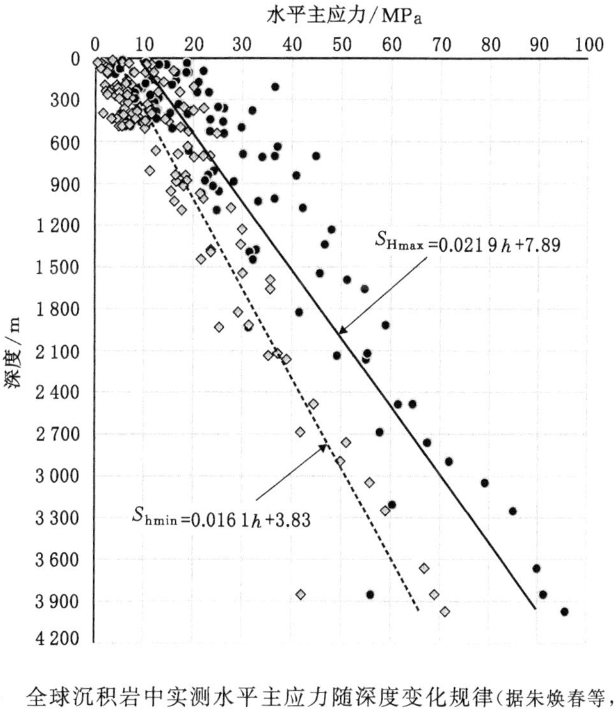

图 1-5　全球沉积岩中实测水平主应力随深度变化规律(据朱焕春等,1994)

变质岩中实测水平主应力随深度变化规律(图 1-6):

$$\begin{cases} S_{\mathrm{Hmax}} = 0.020\,9h + 12.00 \\ S_{\mathrm{hmin}} = 0.013\,2h + 8.33 \end{cases} \tag{1-8}$$

式(1-6)～式(1-8)中,S_{Hmax}与 S_{hmin}分别为水平最大和最小主应力;h 为埋藏深度。

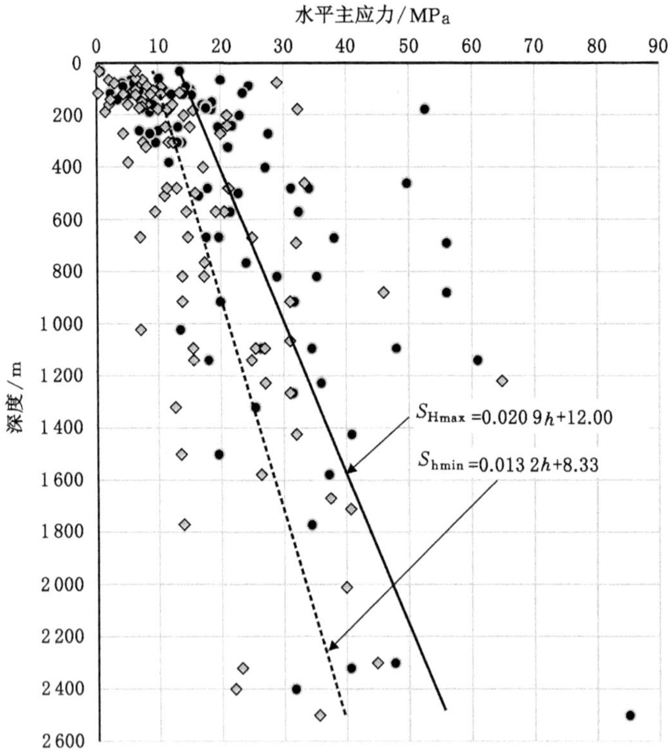

图 1-6　全球变质岩中实测水平主应力随深度变化规律(据朱焕春等,1994)

在现今地应力方向研究方面,Richardson 等(1979)编制了由震源机制解、应力解除数据和地质分析资料构成的世界应力图件。1986 年,“世界应力图计划”(World Stress Map Project,WSMP)开始实施。世界应力图计划是全球性的地壳应力测量及编撰合作性计划,是分析和汇总全球地应力数据库的国际性合作项目。Zoback(1992)基于全球范围内钻孔崩落、震源机制解、断层滑动、水压致裂以及应力解除等数据发布了世界应力图计划的研究成果,分析了全球现今地应力方向特征。随后,Heidbach 等(2008)发布了《世界应力图(2008 版)》,其内包含了 21 750 个现今地应力方向数据;在恰逢世界应力图计划实施 30 周年之际,Heidbach 等(2016b)发布了《世界应力图(2016 版)》,其收录了 42 870 个埋深在 40 km以内的现今地应力方向数据(图 1-7)。

图 1-7 中线条延伸方向指示水平最大主应力(S_{Hmax})方向,线条长度指示数据可信度,由 A 至 C 表示可信度依次降低,“○”表示正断型应力机制(NF),“◐”表示走滑型应力机制(SS),“●”表示逆断型应力机制(TF),“⊘”表示应力机制不明(U)。

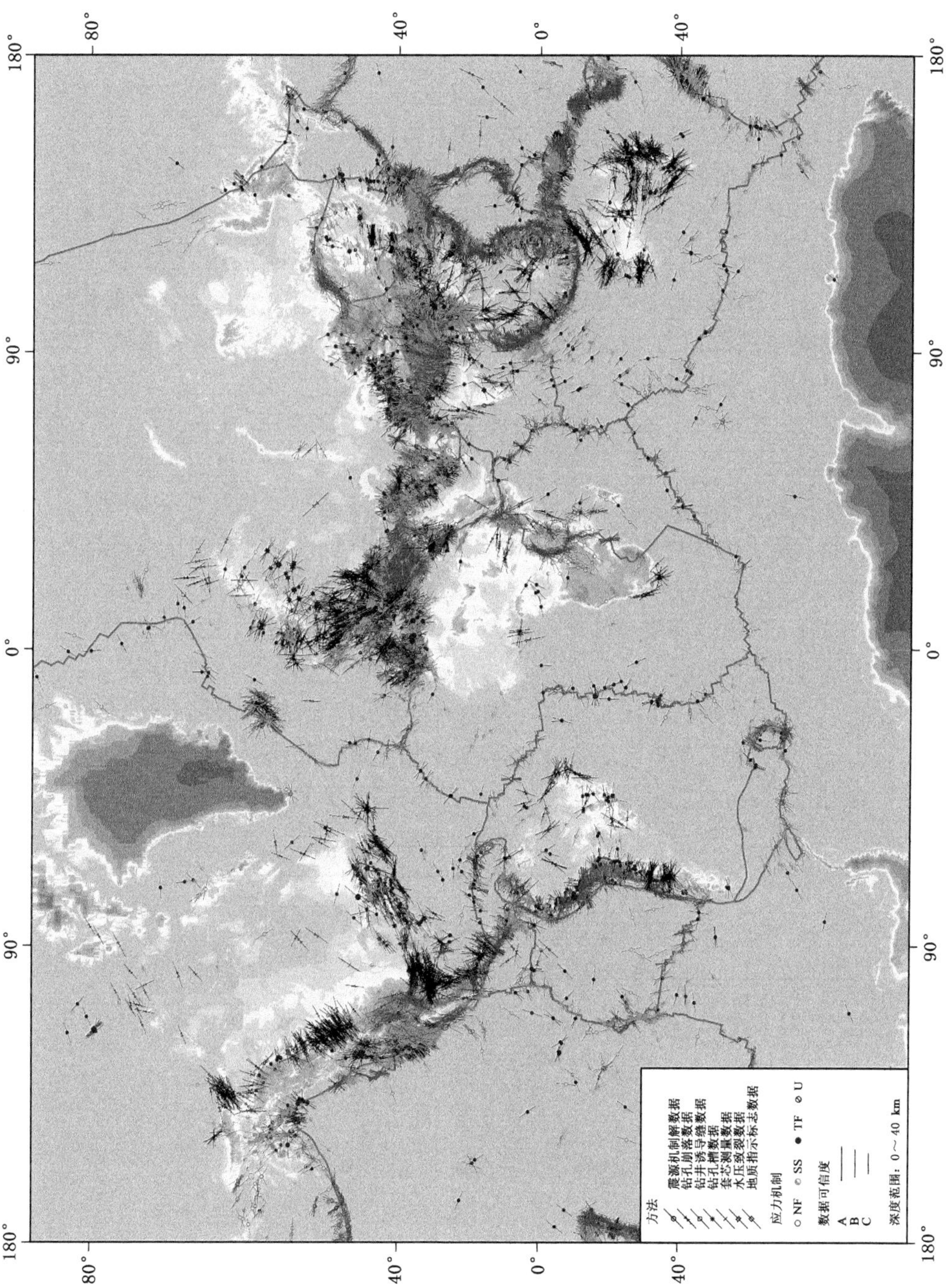

图 1-7　世界应力图（2016版）（据 Heidbach et al.,2016b）

在最新世界应力数据库(2016 版)中,震源机制解是最为主要的数据类型,约占总数的73.77%,另有钻孔崩落数据(14.70%),地质指示标志数据(3.73%),钻井诱导缝数据(2.20%),套芯测量数据(2.17%),水压致裂数据(2.11%)以及其他数据(1.32%)(Heidbach et al.,2018)。

基于前期研究,全球现今地应力场的基本特征包括:

① 全球范围内多级应力场共存,板块尺度内存在一级和二级应力场。其中,一级应力场与板块运动密切相关(Zoback,1992),受局部岩石圈横向密度差异、局部热活动等地质因素影响,可形成区域性的二级应力场(谢富仁等,2003b)。

② 地应力主要集中在岩石圈内。在上地壳,差应力可达 100～200 MPa,而在 100～200 km深处的大陆岩石圈,差应力普遍降为 5～15 MPa,差应力在岩石圈以下基本可以忽略不计。

③ 逆断型应力机制在板块中部地区占主导,表明目前地壳正经受挤压应力的作用。

④ 全球大部分地区的现今地应力方向较为一致,如北美中东部地区处于统一的NE-SW～ENE-WSW向挤压应力环境中。

⑤ 大陆板块内的扩张区大多位于异常高海拔地区,如青藏高原、东非裂谷、贝加尔裂谷等地区。

⑥ 水平应力的大小和方向受板块运动影响强烈。板块运动迹线与现今地应力方向具有较好的一致性,而应力值从构造活动强烈的板块边缘向板块内部具有明显减弱趋势,反映出板块运动与应力状态关系密切(谢富仁等,2003b)。

⑦ 水平与垂向主应力之间的比值有一个临界深度,在世界范围内因地区而异。

1.1.3.2 中国大陆现今地应力场

基于应力解除等数据分析,中国大陆现今垂向主应力沿埋深总体表现为线性分布的特点(图 1-8),当埋深较浅时,其易受地形地貌的影响,测量数值变化范围较大,略显分散,但随着埋藏深度的增加,垂向主应力与埋深之间的线性关系变好(景锋等,2007;王艳华等,2012)。

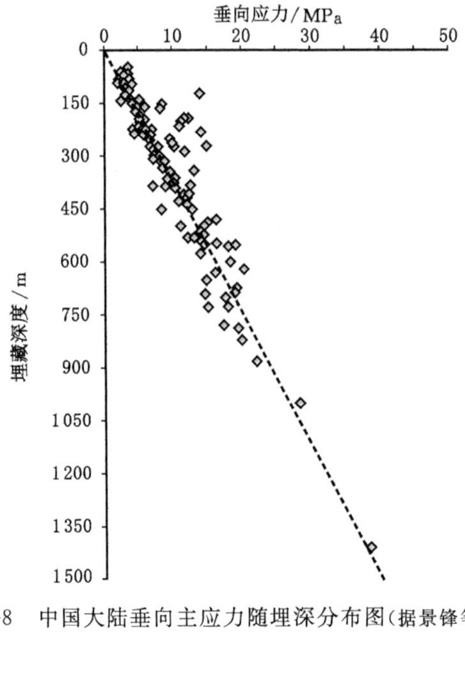

图 1-8 中国大陆垂向主应力随埋深分布图(据景锋等,2007)

中国大陆现今水平最大和最小主应力与埋深也呈线性关系(图 1-9),由实测数据分布看,浅部数据多,深部数据少。不同学者对现今地应力随深度变化规律的研究略有细微差异,但总体规律一致(表 1-1)。

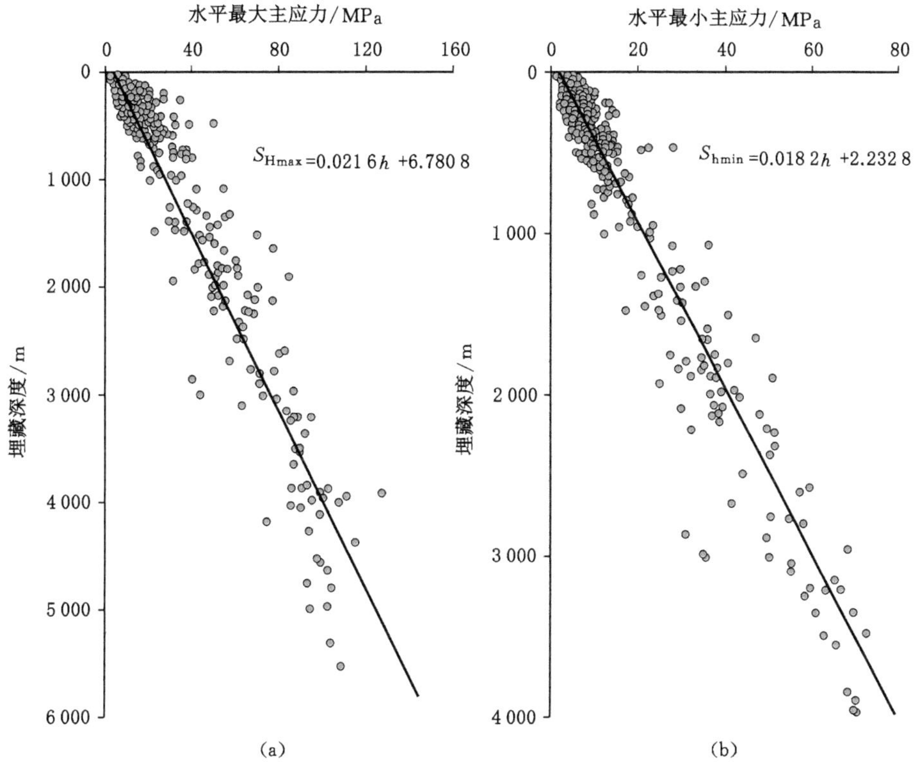

图 1-9　中国大陆现今水平主应力随埋深分布图(据景锋等,2007)

(a) 水平最大主应力;(b) 水平最小主应力

表 1-1　中国大陆现今水平主应力随深度变化规律

水平最大主应力	水平最小主应力	来源
0.049h+(4.5±2.5)	0.030h+(1.5±1.0)	李方全等,1988
0.021 6h+6.780 8	0.018 2h+2.232 8	景锋等,2007
0.022 7h+6.590 0	0.016 4h+3.590 0	王艳华等,2012
0.022 9h+4.738 0	0.017 1h+1.829 0	杨树新等,2012(方法一)
0.022 6h+4.933 0	0.016 0h+2.631 0	杨树新等,2012(方法二)

参考 Brown 等(1978)内外包络线和趋势线的统计形式,中国大陆现今地应力的侧压系数随埋深的统计结果如表 1-2 所列,但由于数据类型与数量不同,不同学者的拟合结果存在差异。如杨树新等(2012)研究结果表明,当埋深小于 465 m 时,侧压系数大于 1.0 且较为分散,水平主应力起主导作用;在埋深超过 465 m 之后,侧压系数迅速收敛,说明垂向主应力起主导作用,并且随着埋深的增加,侧压系数最终集中于 0.68 左右。主导应力由水平方向转变为垂直方向的深度称为地应力的“转换深度”,一般情况下,“转换深度”常表现为一个深

度带。王艳华等(2012)研究结果显示，中国大陆现今地应力转换深度在 800 m 左右。

表 1-2 中国大陆现今地应力侧压系数随埋深变化规律

趋势线	内外包络线	来源
$140.10/h+0.875$	$60.00/h+0.350<\lambda<1\ 500.00/h+0.500$	景锋等，2007
$200.00/h+0.740$	$10.00/h+0.400<\lambda<1\ 000.00/h+0.900$	王艳华等，2012
$146.831/h+0.684$	$8.57/h+0.322<\lambda<350.16/h+1.003$	杨树新等，2012

中国大陆现今地应力格局明显受控于周围板块的构造动力学作用，印度板块与欧亚大陆的碰撞是主要力源，其影响范围和作用强度均大于东部太平洋板块的俯冲和菲律宾板块的推挤(谢富仁等，2003a)，同时受到北部西伯利亚板块的约束。整体上，中国大陆现今地应力主要以水平作用为主，具显著的分区特征。张培震等(2003)在研究中国大陆强震活动时，以活动地块边界带从晚第四纪至今强烈活动为原则，将中国陆域及领区划分为六个一级活动地块区，即青藏地块(QT)、西域地块(NWC)、南华地块(SC)、滇缅地块(DM)、华北地块(NC)和东北亚地块(NEC)。

杨树新等(2012)对各个一级活动地块区现今地应力侧压系数随深度变化进行分析，研究结果表明：侧压系数分布的规律与中国大陆总体分布形态相近，均表现为越接近地表其值越大、越分散，当埋深大于一定深度后，波动范围迅速减小，并随深度的增加逐渐趋于一恒定值(表 1-3)，其中青藏地块该恒定值最大，西域地块该值最小。另外，不同活动地块区现今地应力转换深度也存在差异(表 1-4)，其中青藏地块区存在特殊性，在研究深度段内始终是水平主应力占据主导地位。

表 1-3 中国大陆一级活动地块区现今地应力侧压系数随埋深变化规律(据杨树新等，2012)

活动地块区	趋势线	内外包络线
QT	$295.37/h+0.354$	$24.05/h+0.285<\lambda<498.57/h+0.862$
NWC	$90.66/h+0.983$	$39.97/h+0.210<\lambda<329.51/h+1.026$
SC	$119.02/h+0.798$	$25.00/h+0.345<\lambda<298.72/h+1.133$
DM	$190.58/h+0.512$	$62.93/h+0.195<\lambda<496.52/h+0.722$
NC	$135.32/h+0.692$	$31.40/h+0.382<\lambda<247.40/h+1.078$
NEC	$231.04/h+0.531$	$17.07/h+0.360<\lambda<352.42/h+0.965$

表 1-4 中国大陆一级活动地块区现今地应力转换深度 (单位：m)

活动地块区	$S_{Hmax}>S_{hmin}>S_v$	$S_{Hmax}>S_v>S_{hmin}$	$S_v>S_{Hmax}>S_{hmin}$
QT	$h<368$	$368<h$	/
NWC	$h<309$	$309<h<1\ 004$	$h>1\ 004$
SC	$h<192$	$192<h<1\ 139$	$h>1\ 139$
DM	$h<232$	$232<h<814$	$h>814$
NC	$h<170$	$170<h<1\ 083$	$h>1\ 083$
NEC	$h<223$	$223<h<714$	$h>714$

根据震源机制解、水压致裂、钻孔崩落等资料，以活动构造和板块运动架构为背景，编制中国大陆及邻区现今应力场图(图 1-10)。由图可见，中国大陆及邻区现今地应力方向与板块间的相互作用吻合。结合 GPS 观测的地壳运动速度场(图 1-11)，中国大陆及邻区各个地块的最大主应力优势方位与运动方向也具有较好的对应性。

不同地应力资料反映不同深度层次的应力信息，震源机制解反映了地壳中、上部不同深度的地应力状态，原地应力测量方法获取的数据代表了地壳浅部的应力分布。在中国大陆局部区域，多种方法获取的应力结果存在差异，但在大尺度上具有统一性，整体表现出较强的规律性。

中国大陆现今水平最大主应力方向总体上表现为以青藏高原为中心的辐射状分布，印度板块与欧亚大陆的强烈碰撞是中国大陆现今应力分布的主要来源，西部地区现今应力明显受其影响，东部地区菲律宾板块、太平洋板块的推挤作用对现今应力进行调整。青藏地块现今地应力优势方位呈 NNE-SSW～NE-SW 向；西域地块表现为从东到西逐渐由 NNE-SSW 向过渡为 NNW-SSE 向；东部及邻区现今地应力以近 E-W 向挤压为主要特征，其中，华北-东北地区的现今地应力以 ENE-WSW 向为主导，主要受控于太平洋板块向西的推挤作用，而华南地区的现今地应力方向以 NW-SE～WNW-ESE 向为优势，主要受菲律宾板块向北西推挤作用的影响(谢富仁等，2003a；Hu et al.，2017；Ju et al.，2017c)。

谢富仁等(2003a)根据力源类型、主应力方向一致性、应力强度、应力张量结构一致性、构造变形和破裂方式一致性的原则，参考活动构造分布格局划分边界，对中国大陆及邻区进行了应力分区，划分成 2 个一级区域、4 个二级区域、5 个三级区域和 27 个四级区域(表 1-5)。

中国大陆及邻区两个一级应力区的基本特征：

中国东部应力区(A)，该应力区的力源主要来自太平洋板块向西俯冲欧亚大陆和菲律宾板块向北西俯冲欧亚大陆的联合作用，现今地应力状态主体表现为近 E-W 向的挤压。

中国西部应力区(B)，该应力区的力源主要来自印度板块向北与欧亚大陆所进行的强烈碰撞作用，现今地应力主体特征为主压应力方向为 NNE-SSW 向，现今构造运动非常强烈。

中国大陆及邻区现今地应力场的主要特征：

① 持续稳定性。中国东、西部现今地应力场形成时间大约分别在中新世晚期(Zhang，1999)和早更新世晚期(谢富仁等，1999)。

② 水平作用为主。中国大陆主要受周围板块联合作用，形成了现今地应力场以水平作用为主的特征。

③ 分区明显。一级分区受控于板块之间的作用，二级分区受控于区域块体间的相互作用，三级分区受控于次级块体和区域主要活动断裂带的影响，四级分区为活动断裂或块体相互作用产生的局部应力场。

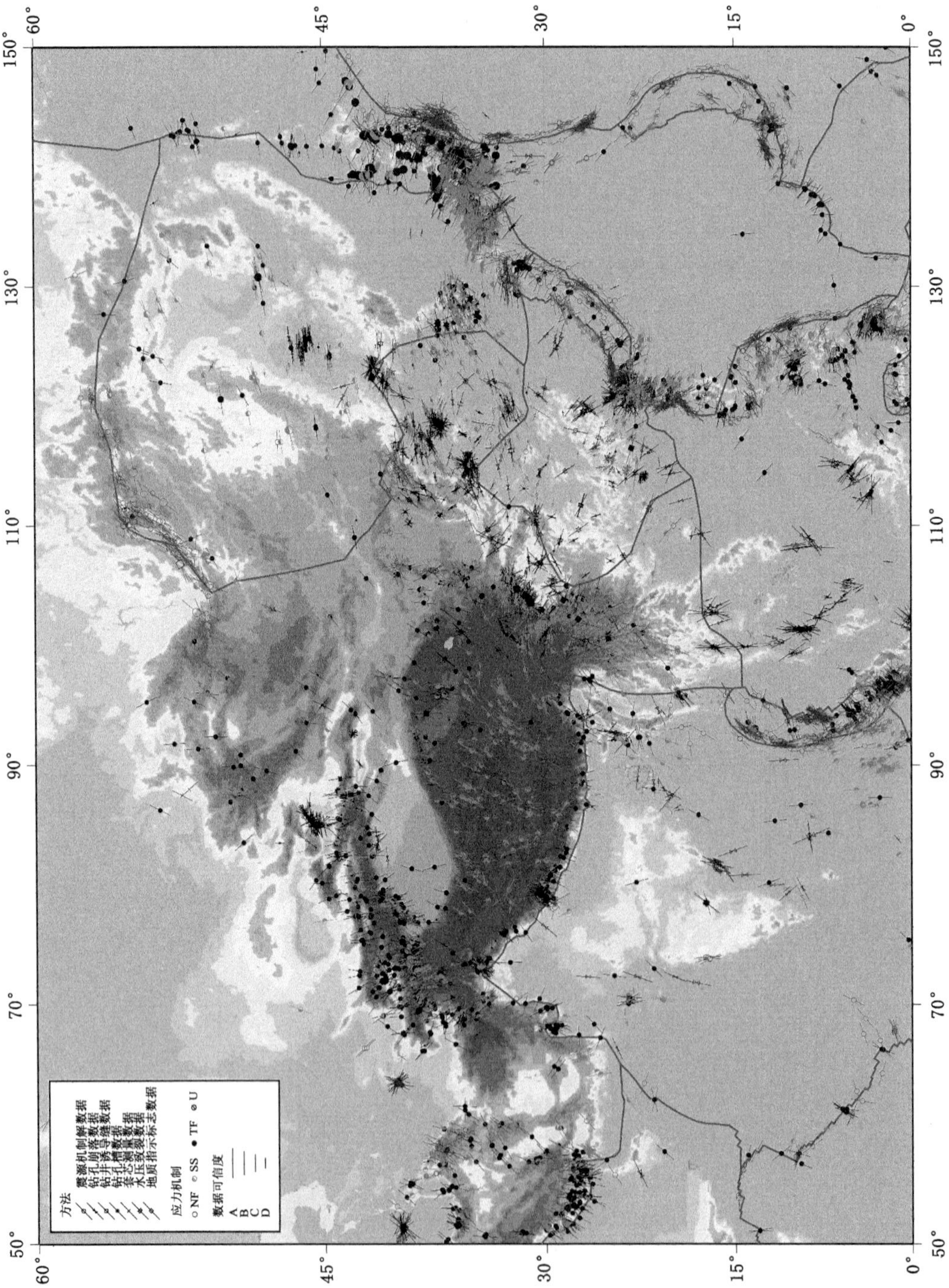

图 1-10　中国大陆及邻区现今应力图

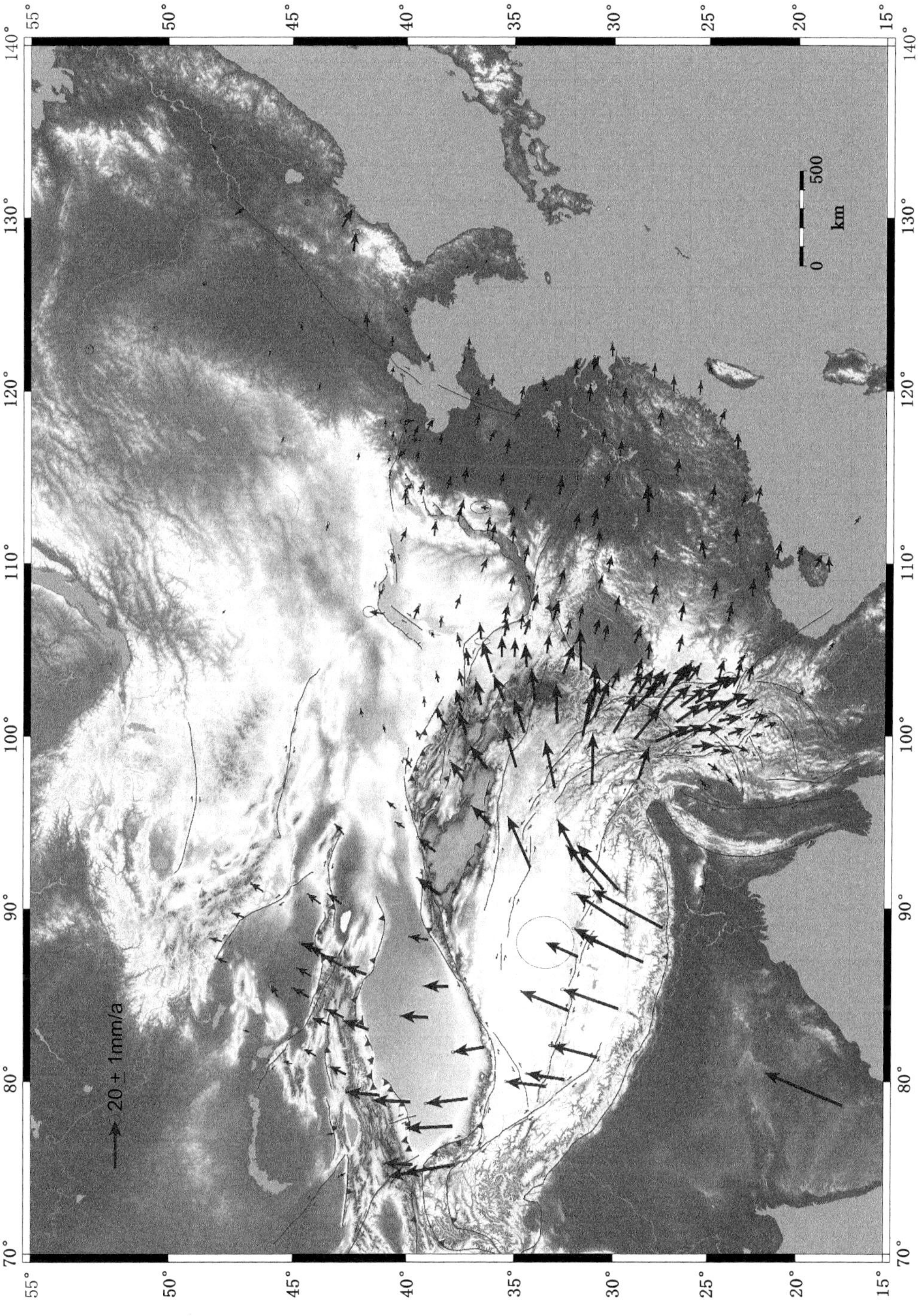

图 1-11　GPS 观测获取的相对稳定欧亚参考框架下的中国大陆现今地壳运动速度场（箭头为 GPS 观测站的速度矢量）

表 1-5　中国现今应力场分区(据谢富仁等,2003a)

一级区	二级区	三级区	四级区
中国东部应力区 A	东北-华北应力区 A1	东北应力区 A11	东北应力区 A111
		华北应力区 A12	华北平原应力区 A121
			汾渭断陷应力区 A122
			鄂尔多斯应力区 A123
			河套-银川断陷应力区 A124
			豫皖-苏北应力区 A125
	华南应力区 A2		华南主体应力区 A201
			东南沿海-台湾应力区 A202
			南海-北部湾应力区 A203
中国西部应力区 B	新疆应力区 B1		塔里木盆地应力区 B101
			天山应力区 B102
			准噶尔盆地应力区 B103
			阿尔泰应力区 B104
			阿拉善应力区 B105
	青藏高原应力区 B2	青藏高原北部及北东边缘应力区 B21	帕米尔应力区 B211
			藏北高原应力区 B212
			柴达木盆地应力区 B213
			祁连山-河西走廊应力区 B214
			海原-六盘山应力区 B215
			西秦岭应力区 B216
			巴颜喀拉山应力区 B217
			龙门山-松潘应力区 B218
			川-滇应力区 B219
		青藏高原南部应力区 B22	藏南应力区 B221
			墨脱-昌都应力区 B222
			滇西南应力区 B223
		喜马拉雅应力区 B23	喜马拉雅应力区 B231

④ 由震源机制解、钻孔崩落等不同类型数据获取的地壳不同深度上的主应力方向显示出较好的一致性。

⑤ 中国大陆现今地应力的绝对值整体表现为“西高东低”的特征(李方全等,1986;万天丰,2004)。

中国大陆现今地应力在空间分布上表现为大区域的同一性与局域的非均质性,在时间上具有相对的持续稳定性。这种空间上的同一性、非均质性的对立和统一以及时间上的持续稳定性,反映了中国大陆所处地球动力环境的大尺度背景的同源性、作用过程的稳定性和局部的复杂性。

1.1.3.3　鄂尔多斯盆地现今地应力场

针对鄂尔多斯盆地现今地应力方向方面的研究，世界应力图(图 1-7)中提供了零星的记录，但绝大部分分布于鄂尔多斯盆地周缘。除此之外，冉利民(2004)基于岩芯测试分析、诱导裂缝、钻孔崩落等数据分析了镇泾油田延长组和延安组的现今地应力方向，S_{Hmax}整体表现为 ENE-WSW 的主导方向(图 1-12)。Zeng 等(2009)基于钻孔崩落和诱导裂缝数据分析了鄂尔多斯盆地内两口钻井的现今地应力方向，结果显示为 70°N～80°N。Ju 等(2017a)分析了鄂尔多斯盆地东缘临兴地区石炭-二叠系的现今地应力方向，S_{Hmax}指示为近 E-W 向(图 1-12)。

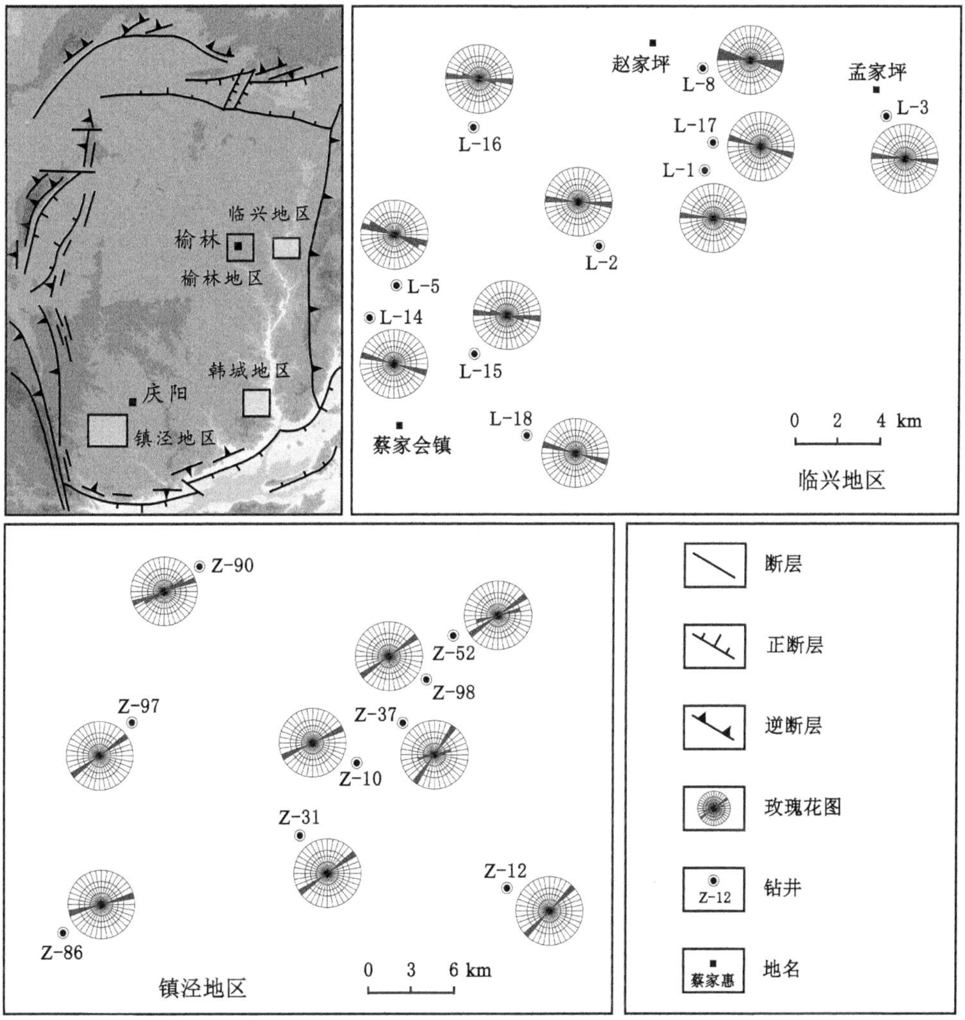

图 1-12　鄂尔多斯盆地镇泾地区和临兴地区现今地应力方向图

对于鄂尔多斯盆地现今地应力大小而言，实测数据主要分布于鄂尔多斯盆地东南缘的韩城地区(Zhao et al.，2019)、东缘的临兴和榆林地区(Li et al.，2014；Ju et al.，2017a)。综合现有数据对鄂尔多斯盆地东缘-东南缘现今地应力随深度的变化规律进行研究，

S_{Hmax}与S_{hmin}均与深度呈现线性关系[见式(1-9)]，但应力机制类型随深度发生转变，在浅部(<700 m)主要表现为$S_v > S_{Hmax} > S_{hmin}$，属于正断型应力机制，而在深部呈现走滑型应力机制(图1-13)。

$$\begin{cases} S_{Hmax} = 0.034\ 2h - 4.921\ 4 \\ S_{hmin} = 0.023\ 6h - 3.906\ 3 \end{cases} \tag{1-9}$$

式中　S_{Hmax}，S_{hmin}——水平最大和最小主应力；

h——埋藏深度。

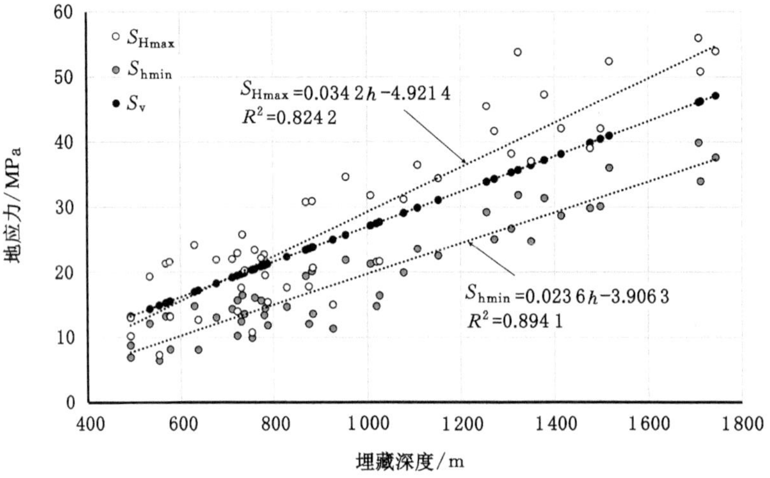

图 1-13　鄂尔多斯盆地东缘-东南缘地区现今地应力随深度分布图

由此可见，目前国内外针对鄂尔多斯盆地内部现今地应力场(方向和大小)的研究甚少，仅有的研究成果也不够系统，难以支持并限制着其内非常规油气资源(如延长组致密油)的勘探开发。

1.2　致密油的概念与分布

1.2.1　致密油的概念

致密油是继页岩气之后全球非常规油气勘探开发的又一新热点，然而，因其缺乏严格的定义，在应用过程中容易造成混淆，因此，国内外不同的组织和学者尝试对致密油进行定义。但研究人员对地质条件、工程技术和开发程度等方面存在认识差异，所用语言存在差别，迄今未得到统一的致密油定义。更为重要的是，不同组织和学者对致密油的范畴理解存在偏差，制约着致密油的研究与勘探开发。

中国致密油的勘探开发起步略晚，但随着国家对非常规油气资源的重视以及油气勘探开发技术的发展，近些年致密油的概念逐步得到广泛接受和采用。综合国内外研究分析，目前对致密油存在两种理解：

① 广义致密油，泛指蕴藏在具有低孔隙率和渗透率的致密含油层中的石油资源，其开发需要使用水平井和水力压裂技术。例如，美国能源信息署(Energy Information Administration，EIA)将致密油解释为一种低渗透率砂岩、碳酸盐岩或页岩储层中生产的原油。一

般来说，致密油蕴藏在埋藏很深、不易开采的沉积岩层中，这些岩层具有极低的渗透率，故称为“致密”。在某些致密油区，石油直接产自页岩层，不过大多数的致密油则是产自与作为烃源岩的页岩具有密切联系的砂岩、粉砂岩和碳酸盐岩(周庆凡等,2012)。加拿大非常规资源协会(Canadian Society for Unconventional Resources,CSUR)解释致密油是一种赋存在很低渗透率岩石(砂岩、碳酸盐岩和页岩)中的轻质油，并指出这种石油只有经过诸如多级压裂等技术才能经济开采。林森虎等(2011)定义致密油为以吸附或游离状态赋存在富有机质且渗透率极低的暗色页岩、泥质粉砂岩和砂岩夹层系统中的自生自储、连续分布的石油聚集。贾承造等(2012b)认为致密油是指以吸附或者游离状态赋存于生油岩中，或与生油岩互层、紧邻的致密砂岩、致密碳酸盐岩等储集岩层中，未经过大规模长距离运移的石油聚集。

② 狭义致密油，是指来自页岩之外的致密储层(如砂岩、粉砂岩、白云岩、灰岩等)的石油资源(周庆凡等,2012)。例如，加拿大国家能源局(National Energy Board,NEB)明确地将(广义)致密油划分为两个主要类型：一是页岩源岩中的石油资源，称其为页岩油；二是从源岩中排出并运移到附近致密的砂岩、粉砂岩、白云岩或灰岩等储层中的石油资源。虽然致密油与页岩油均无明显圈闭界线且基本无自然工业产能，但邹才能等(2014)认为二者在地质、开发以及工程等方面存在明显差异，应定义为两种不同类型的非常规油气资源。致密油是指储集在覆压基质渗透率小于或等于 $0.1\times10^{-3}\ \mu m^2$(空气渗透率小于 $1\times10^{-3}\ \mu m^2$)的致密砂岩、致密碳酸盐岩等储集层中的石油，而页岩油是指成熟或低熟烃源岩已生成并且滞留在页岩中的石油聚集(邹才能等,2013,2015)，页岩既作为生油岩，又是储集岩，石油基本未发生运移(图 1-14)。

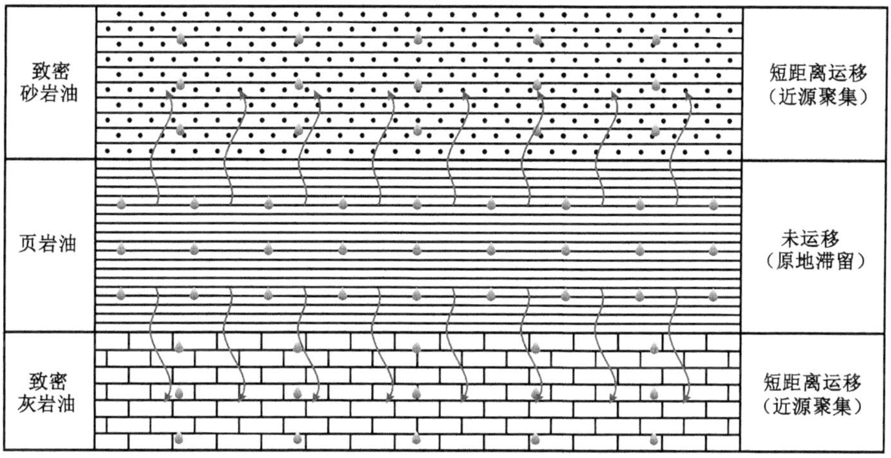

图 1-14　致密油与页岩油分布示意图(据邹才能等,2015)

值得注意的是，尽管有狭义致密油含义的存在，但其实际应用并不广泛，目前主要是有些机构和学者在讨论致密油相关概念时用到，关于致密油勘探开发方面的统计数据基本都是指广义致密油。

国家标准《致密油地质评价方法》(GB/T 34906—2017)中，致密油被定义为：储集在覆压基质渗透率小于或等于 $0.1\times10^{-3}\ \mu m^2$(空气渗透率小于 $1\times10^{-3}\ \mu m^2$)的致密砂岩、致密碳酸盐岩等储集层中的石油，或非稠油类流度小于或等于 0.1 mD/(MPa · s)的石油。单井一般无自然产能或者自然产能低于商业油产量下限，但在一定经济条件和技术措施下，可获得商业石油产量。通常情况下，这些措施包括酸化压裂、多级压裂、水平井以及多分支井开采等。

1.2.2 致密油分布与特征

根据 EIA(2013)的评价结果，全球致密油总资源量约为 10 737.99×10^8 m^3，其中，技术可采资源量约为 531.97×10^8 m^3，在各大洲均有分布，欧洲(含俄罗斯)的资源量最大(表 1-6)，排名前 10 的国家依次是俄罗斯、美国、中国、阿根廷、利比亚、澳大利亚、委内瑞拉、墨西哥、巴基斯坦和加拿大。

表 1-6 全球致密油资源分布统计表(据 EIA，2013)

洲、地区或国家	资源量/×10^8 m^3	技术可采资源量/×10^8 m^3
北美	2 211.51	110.66
澳大利亚	640.72	27.82
南美	1 831.53	94.92
欧洲	2 465.89	140.86
非洲	1 402.27	60.57
亚洲	2 186.07	97.14
总计	10 737.99	531.97

目前，已实现致密油工业开发的地区主要在北美，美国的致密油资源主要赋存在阿科马(Arkoma)等盆地内(表 1-7)，加拿大的致密油区主要分布在西加拿大(West Canada)盆地和东部的阿巴拉契亚(Appalachian)山脉区。

根据全球著名的能源研究公司 IHS 对致密油产量的预测报告，截至 2020 年年底，全球致密油总产量中的 90%将来自北美，其他地区约占 10%(图 1-15)。

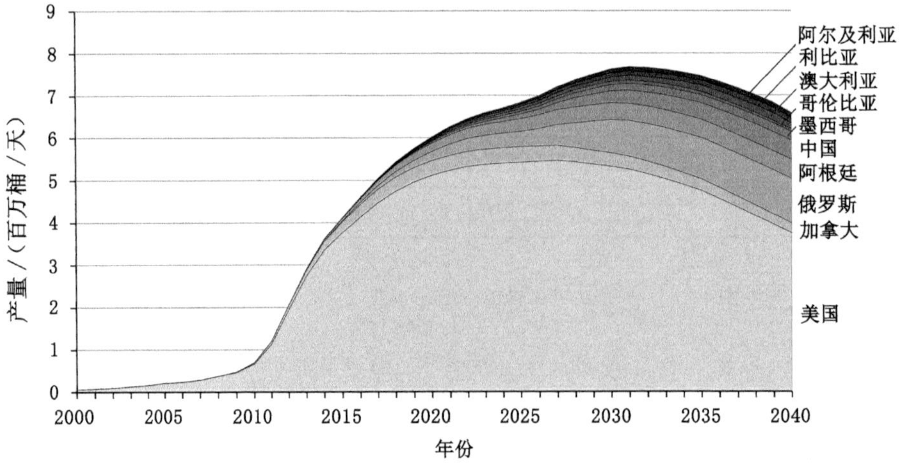

图 1-15 全球致密油产量及预测图

表 1-7　美国主要致密油区带地质特征汇总表(据 Jarvie,2012)

致密油田	年代	盆地	州	储层空间类型
蒙特雷 Monterey	中新世 Miocene	圣玛利亚 Santa Maria	加利福尼亚 California	裂缝型
奈厄布拉勒 Niobrara	白垩纪 Cretaceous	南方公园 South Park	科罗拉多 Colorado	裂缝型和混合型
皮埃尔 Pierre	白垩纪 Cretaceous	南方公园 South Park	科罗拉多 Colorado	裂缝型
巴肯 Bakken	泥盆纪 Devonian	威利斯顿 Williston	北达科他 North Dekota	裂缝型和混合型
曼科斯 Mancos	白垩纪 Cretaceous	圣胡安 San Juan	新墨西哥 New Mexico	混合型
巴尼特 Barnett	密西西比纪 Mississippian	沃斯堡 Fort Worth	得克萨斯 Texas	致密型
伍德福特 Woodford	泥盆纪 Devonian	阿科马 Arkoma	俄克拉何马 Oklahoma	致密型和裂缝型
塔斯卡卢萨 Tuscaloosa	白垩纪 Cretaceous	墨西哥湾中部 Mid-Gulf Coast	密西西比 Mississippi	致密型
安蒂洛普 Antelope	中新世 Miocene	圣华金 San Joaquin	加利福尼亚 California	致密型和裂缝型
鹰滩 Eagle Ford	白垩纪 Cretaceous	奥斯汀白垩层 Austin Chalk Trend	得克萨斯 Texas	混合型
奈厄布拉勒 Niobrara	白垩纪 Cretaceous	丹佛 Denver	科罗拉多 Colorado	裂缝型和混合型
莫里 Mowry	白垩纪 Cretaceous	汾河 Powder River	怀俄明 Wyoming	致密型
凯恩格雷科 Cane Creek	二叠纪 Permian	盘洛达克斯 Paradox	犹他 Utah	裂缝型
希思 Heath	密西西比纪 Mississippian	蒙大拿中部 Central Montana	蒙大拿 Montana	致密型、裂缝型和混合型
科迪 Cody	白垩纪 Cretaceous	比格霍恩 Bighorn	怀俄明 Wyoming	裂缝型

世界能源署对全球致密油产量预测趋势类似，预计中国在2025年致密油产量可达1 000×10^4 t，2040年将达到2 000×10^4 t，而美国2025年致密油产量可达2.2×10^8 t，2040年下降为1.5×10^8 t。

中国的致密油资源丰富（贾承造等，2012a；赵靖舟，2012；邹才能等，2012），地质资源量为74×10^8～80×10^8 t，可采资源量为13×10^8～14×10^8 t，主要分布在鄂尔多斯、松辽、准噶尔、三塘湖、塔里木、四川、吐哈、柴达木以及渤海湾等盆地。目前，在鄂尔多斯盆地三叠系延长组、吐哈盆地侏罗系、准噶尔盆地二叠系芦草沟组、松辽盆地白垩系青山口组-泉头组、四川盆地中-下侏罗统、渤海湾盆地古近系沙河街组、柴达木盆地干柴沟组等致密油层系开展或者已实现工业化生产（贾承造等，2012a，2012b；邹才能等，2012，2015；姚泾利等，2013；李红南等，2014；李登华等，2017）。

中国的致密油主要分布在陆相湖盆沉积体系内，以中、新生代沉积为主，储层岩石类型多样，包括砂岩、碳酸盐岩等，砂岩横向连续性较差，部分薄互层，碳酸盐岩厚度相对较大，但整体非均质性强，孔隙率、有效厚度变化大。如鄂尔多斯盆地延长组长7段致密油储层主要为粉砂岩、细砂岩，孔隙率为4.0%～12.0%，有效厚度为5～40 m；四川盆地大安寨段致密油储层为介壳灰岩，孔隙率主体为0.5%～6.0%，有效厚度为5～20 m；准噶尔盆地芦草沟组致密油储层为白云质粉砂岩、砂屑白云岩，孔隙率为5%～16%，有效厚度为35～50 m（李登华等，2017）。

1.2.3 中国致密油主要类型与特征

贾承造等（2012b）总结了中国致密油的总体特征，表现如下：

① 中国陆相盆地类型包括断陷、拗陷、前陆等，可发育多个生油拗陷，为致密油形成创造了有利条件。

② 存在多套优质烃源岩，有机质丰度高，处于生油演化阶段，其中最有利形成致密油的生油岩一般TOC大于1%，R_o介于0.6%～1.3%，气油比较高，易于形成高产。

③ 致密储层为碳酸盐岩和砂岩两大类，砂岩横向变化较大，碳酸盐岩厚度相对较大。

表1-8 中国典型致密油藏地质参数表（据邹才能等，2015）

盆地	致密油区	有利面积 /10^4 km^2	烃源岩		储层				油藏	
			TOC /%	R_o /%	岩性	厚度 /m	孔隙率 /%	渗透率 /10^{-3} μm^2	原油密度 /(g/cm^3)	压力系数
鄂尔多斯	延长组	5.0-10.0	2.0-10.0	0.7-1.1	粉-细砂岩	10-80	2.0-12.0	0.01-1.00	0.80-0.86	0.75-0.85
准噶尔	二叠系	3.0-5.0	3.0-4.0	0.6-1.5	白云质粉砂岩、砂屑白云岩	80-200	3.0-10.0	<1.00	0.87-0.92	1.10-1.80
四川	侏罗系	4.0-10.0	1.0-2.4	0.5-1.6	粉-细砂岩、介壳灰岩	10-60	0.2-7.0	<0.01-2.10	0.76-0.87	1.23-1.72
渤海湾	沙河街组	5.0-10.0	1.5-3.5	0.5-2.0	粉-细砂岩、碳酸盐岩	100-200	5.0-10.0	0.20-1.00	0.67-0.86	1.24-1.80
松辽	白垩系	5.0-10.0	0.9-3.8	0.5-2.0	粉-细砂岩	5-30	2.0-15.0	0.60-1.00	0.78-0.87	1.20-1.58
柴达木	古、新近系	1.0-3.0	0.4-1.2	0.6-1.8	泥灰岩、藻灰岩、粉砂岩	100-150	5.0-8.0	<1.00	/	1.30-1.40

表1-8(续)

盆地	致密油区	有利面积/$\times10^4$ km²	烃源岩		储层				油藏	
			TOC/%	R_o/%	岩性	厚度/m	孔隙率/%	渗透率/10^{-3} μm²	原油密度/(g/cm³)	压力系数
酒泉	白垩系	0.3-1.0	1.0-2.5	0.5-0.8	粉砂岩、碳酸盐岩	100-300	5.0-10.0	<0.10	0.82-0.94	1.20-1.30
三塘湖	二叠系	0.5-1.0	1.0-6.0	0.6-1.2	泥灰岩、灰质白云岩	10-100	3.0-13.0	0.10-1.00	0.85-0.90	1.00-1.20
吐哈	侏罗系	0.7-1.0	1.0-5.0	0.5-0.9	粉-细砂岩	30-200	4.0-10.0	<1.00	0.75-0.85	0.70-0.90

④ 中国致密油区分布面积、规模相对较小，一般单个面积小于2 000 km²。

⑤ 晚期构造变动复杂，对致密油的保存具有一定影响。

杜金虎等(2014)总结了中国陆相致密油的特征，具体表现为：

① 烃源岩有机碳含量中-高，厚度较大，相对国外而言分布面积较小。

② 储层类型多，物性差。

③ 分布范围相对较小，累计厚度大，“甜点”富集。

④ 含油饱和度高，原油性质变化大。

⑤ 压力异常不明显。

⑥ 改造初期产量高，递减快。

根据致密储层成因及致密油体系的差异地质特点，贾承造等(2012b)将中国致密油划分为三种类型。

1.2.3.1 湖相碳酸盐岩致密油

致密储层为白云岩、介壳灰岩、藻灰岩和泥灰岩等。中国湖相碳酸盐岩沉积主要发育在二叠纪、侏罗纪、白垩纪和古近纪。二叠系湖相碳酸盐岩主要分布在准噶尔、三塘湖等盆地，以咸化湖盆沉积的白云岩以及白云石化岩类为主；侏罗系湖相碳酸盐岩主要分布在四川、鄂尔多斯等盆地；白垩系湖相碳酸盐岩主要分布在松辽、酒西等盆地；古近系湖相碳酸盐岩的发育达到全盛时期，除上述地区普遍发育外，南方的衡阳、百色等盆地也有发现。

目前，该类致密油在准噶尔和三塘湖盆地二叠系、酒西和江汉盆地白垩系、柴达木和渤海湾盆地古近系均有发现，其中准噶尔盆地中二叠统芦草沟组最为典型。芦草沟组主要由灰黑色泥岩、粉砂岩、白云岩、白云石化岩类和油页岩组成，属于陆缘近海湖泊沉积，其有机碳含量为5.16%～8.03%，干酪根主要为II_1型，R_o为0.50%～1.63%。

1.2.3.2 深湖水下三角洲砂岩致密油

致密储层主要为三角洲前缘和前三角洲所形成的砂-泥薄互层沉积体系。湖泊三角洲是河流入湖所形成的陆源碎屑沉积体系，多出现在湖盆深陷后的抬升期，可分为三角洲平原、三角洲前缘和前三角洲3个相带。前三角洲相带薄层粉-细砂岩与优质烃源岩互层或紧邻，致密油成藏条件好，是深湖水下三角洲致密油分布的主要沉积相带。

深湖水下三角洲砂岩致密油在中国分布最为广泛，松辽盆地青山口组和泉头组、渤海湾盆地沙河街组、鄂尔多斯盆地延长组以及四川盆地中-下侏罗统均有发现，其中松辽盆地上白垩统青山口组和泉头组致密油最为典型。盆地主要致密油产层分布在中央拗陷区，主力烃源岩为青山口组一段，沉积连续、稳定，其内几乎全部为黑色泥岩、油页岩夹薄层泥质灰岩，厚度为 60～80 m，埋深 1 800～2 500 m，分布面积超过 4×10^4 km^2，干酪根类型以 Ⅰ 型为主，有机碳含量主体介于 0.9%～3.8%，平均为 2.13%，R_o 为 0.7%～1.3%。

1.2.3.3 深湖重力流砂岩致密油

致密储层主要为砂质碎屑流和浊流所形成的以砂质为主的混合沉积体。深湖重力流砂岩致密油在鄂尔多斯盆地上三叠统延长组、渤海湾盆地沙河街组等地层中均有发现，其中典型代表为鄂尔多斯盆地延长组长 6-长 7 段致密油。长 7 段沉积时，盆地处于最大湖泛期，湖盆中心与斜坡大面积发育砂质碎屑流和浊积扇砂体；而到长 6 段沉积时，随着湖盆逐渐萎缩，物源区剥蚀量不断增大，三角洲前缘砂体重力滑塌普遍（李相博等，2011）。

延长组长 7 段是鄂尔多斯盆地的主力生油岩，有机质丰度较高，有机碳含量为13.75%，干酪根类型以 $Ⅱ_1$ 型为主，R_o 介于 0.7%～1.2%，其内生成的石油经过短距离运移到长 7 段、长 6 段深湖重力流砂岩中聚集，形成了中国最有代表性的致密油资源。

1.3 现今地应力研究意义

现今地应力的研究具有重要地质意义，目前已在地质、冶金、煤炭、水利水电以及铁路施工等方面得到有效应用。在地质领域，开展地应力分析有助于深入了解现今地壳应力状态，指导油气勘探开发以及干热岩资源利用等。

1.3.1 地壳活动与地震

从力学角度而言，地震等内动力地质灾害的发生与地应力有密切关系，地震的孕育与发生是区域内应力长期积累、集中、加强的过程，并在应力集中区最终导致应变能突然释放的结果。研究表明，地震发生前后震源及附近地区地壳浅层地应力特征（主应力大小和方位）确实可以发生明显改变。另外，地震的发生会造成严重经济损失，并影响生命安全，因此，查明现今地应力状态对于分析断裂活动与地壳运动的力学机制、地震发生机理等具有重要的指导意义。

以首都圈地区为例，该区作为中国的政治、经济和文化中心，经济发达、人口稠密，同时该区位于 WNW-ESE 向张家口-渤海构造带和华北平原 NNE-SSW 向构造带交汇部位，地质环境复杂，地壳活动频繁。丰成君（2014）根据首都圈地区地壳浅层深孔水压致裂地应力测量结果，分析了首都圈地区地壳浅层主应力值随深度分布规律，结果表明，首都圈地区地壳浅层的水平主应力随着深度增加基本呈线性增大，水平最大与最小主应力随深度增加的梯度分别为 0.031 MPa/m 和 0.022 MPa/m。应力机制在不同深度范围内呈差异变化：在 100～350 m 深度内为逆断型应力机制，表现为 $S_{Hmax}>S_{hmin}>S_v$，在 350～650 m 深度内逆断型、走滑型和正断型三种应力机制共存，在 650～1 000 m 转变成主体 $S_{Hmax}>S_v>S_{hmin}$，为走滑型应力机制（图 1-16）。首都圈地区现今水平最大主应力优势方位为 NE-SW～ENE-WSW 向，该结果与由震源机制解数据得到的 P 轴主压应力方位基本一致，与华北区域应力场主压应力方位相符。

李凤等（2018）利用实测现今地应力资料估算了首都圈地区断层的视摩擦系数，结果显示，在 WNW-ESE 向张家口-渤海断裂带西北段、中段和东南段，该值分别为 0.47、0.31 和 0.25，表明在西北段断层摩擦强度和浅部地壳应力积累能力较强；在 NNE-SSW 向断层带中段，断层视摩擦系数为 0.58，接近断层活动临界值下限，有潜在断层滑动的可能性。整体而

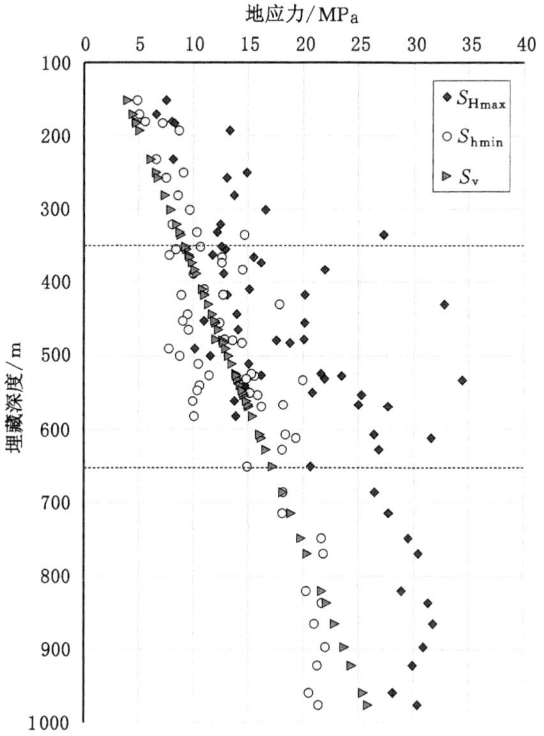

图 1-16 首都圈地区现今地应力随深度变化规律(据丰成君,2014)

言,首都圈地区的地壳活动相对稳定,在其西部应力积累程度较高,东北部区域应力积累程度低。

1.3.2 油气勘探与开发

油气勘探开发的工作对象是地层的岩石和流体。岩石和流体所承受的地应力是进行相关地质和工程等问题研究时的外载(李志明等,1997)。因此,从某种意义上讲,油气勘探开发工程应该是地下岩体渗流场、应力场以及温度场等的耦合问题,其中地应力作用占据重要地位。现今地应力与油气勘探开发存在密切关系,油气勘探开发时的许多问题都涉及地应力范畴,现今地应力在分析油气运移规律、钻完井工程设计、压裂施工以及注水开发中井网部署等方面均有重要应用(周文等,2007)。

目前,地应力对油气勘探开发的影响和作用已被认识:

① 储层中油气的运移和聚集与地应力有关,油气总是沿着强应力区→弱应力区运移。

② 天然裂缝的存在对于油气开发具重要影响。当现今地应力状态与天然裂缝的产状配套关系较好时,裂缝呈开启状态,其有效性高,进而可很大程度地影响油气产能。如 Ju 等(2018b)对青西油田白垩系下沟组致密储层现今地应力与天然裂缝关系进行的研究表明,当注入压力在 10 MPa 以内时,天然裂缝基本无有效性,随着注入压力的不断增大,不同产状裂缝在现今地应力条件下呈现不同程度的有效性,NE-SW 向高角度裂缝率先转变成有效裂缝(图 1-17)。

③ 钻井过程中钻孔井壁稳定性与地层岩石的力学性质、地应力状态有密切关系。

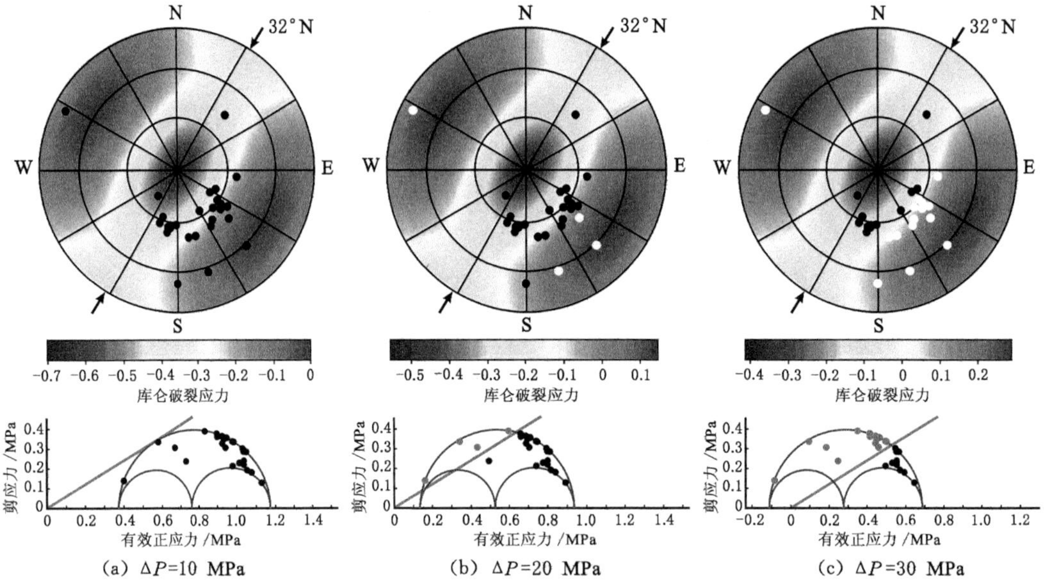

图 1-17 青西油田下沟组天然裂缝与现今地应力关系图(下半球投影;据 Ju et al.,2018b)
(图中 ΔP 为储层压力增量;莫尔圆中浅色和深色点分别表示有效和无效裂缝;
投影图中的点为裂缝面法线的投影,黑色与白色分别表示无效和有效裂缝)

④ 油井采油过程中的出砂与地层岩石力学性质、油层地应力环境以及出砂指数有关。

⑤ 地应力的异常以及地应力场的剧变会导致套管缩径、损坏与错断。

⑥ 在油气开发方面,地应力状态对储层孔渗变化、天然裂缝有效性、开发井网设计等具有重要控制作用,地应力状态的改变将会引起储层孔隙率和渗透率的变化。

⑦ 在油层改造中,地应力状态、地层岩石力学性质决定着水力压裂裂缝的形态、方位、高度和宽度,影响着压裂的增产效果。

⑧ 油田的采油导致储层孔隙压力下降,而注水是采油的相反过程,导致孔隙压力增大,也会引起地应力场的变化,造成地层的蠕动和错动。

⑨ 稠油热采过程中,大量热蒸汽的注入会造成开发区的地应力场发生巨大变化。

⑩ 现今地应力场资料是水平井设计和钻井时重要的科学依据,也是井斜和钻井轨迹预测评价的重要因素之一。

地应力的大小、方向及其分布规律是油气勘探开发时地应力研究的主要内容,而岩石力学性质、储层孔隙压力、地层温度以及地层剥蚀等是影响油气储层应力场状态的重要因素。在油气勘探开发时,只有宏观的、区域的地应力场研究是不够的,必须进行局部的、开发单元的、单井的、平面的、剖面的地应力状态研究,其中,地层岩石的力学性质、地应力场机制、地应力分布规律及数值模拟等是进行地应力研究的主要方面。另外,还必须认识到,油气开发是一个动态过程,开展对动态地应力场的深入分析、研究也是非常重要的。

1.3.3 二氧化碳地质封存与核废料处置场选址

遏制全球变暖、减少碳排放,是当今世界各国不可回避的责任与义务。目前,国际上二氧化碳(CO_2)的减排方式主要有三种:提高能源使用效率、发展低碳和可再生能源以及采取

措施捕集和封存 CO_2。由于短期内开发出具有商业价值的新能源替代化石能源难度极高，因此，将 CO_2 捕集并储存(CO_2 Capture and Storage，CCS)到地下或海底被认为是解决温室效应的一种最直接有效的途径(Holloway，1997；Lemieux，2011；Nordbotten et al.，2011)。

一般而言，CO_2 封存包括三种基本形式：海洋存储、深层地质体封存和地表 CO_2 的矿物碳酸化，其中，海洋储存与矿物碳酸化在 CO_2 封存时具有风险高、技术不成熟等弊端(Holloway，2005；周蒂，2005)，因此 CO_2 的地质封存成为目前最具潜力的储存技术。通常认为比较适合实施 CO_2 地质封存的场所有：深部咸水层、油气藏和无开采价值的深部煤层等(Bachu，2008；张炜等，2008)，据联合国政府间气候变化专门委员会(Intergovernmental Panel on Climate Change，IPCC)称，由于油气藏本身具有良好的封闭性，经历漫长的地质演化仍能长时间封闭油气，是实施 CO_2 地质封存的最佳场所，注入 CO_2 后泄漏的风险最小。

在 CO_2 地质封存选址时，需要综合考虑各种地质条件，而其中的封闭条件是评价油气藏是否适合进行 CO_2 地质封存的重要参数之一，即当气体被注入地质体内后，是否能够长期有效且安全地存在于地质体内，而不发生泄漏。

油气藏盖层岩石大多经历了复杂构造运动，致使其内部会存在许多天然裂缝和孔隙，且断层也经常发育于地层中，盖层中这些缺陷的存在必然会对 CO_2 的封存效果产生影响。另外，油气储层内任何微小的温度和压力变化都会引起 CO_2 注入区的应力变化(Rutqvist，2012)。因此，查明地质封存体盖层岩石内的先存裂缝和断层在 CO_2 注入以及现今地应力条件下的启闭状态，可为 CO_2 地质封存体优选提供重要参考信息(Pan et al.，2016)。

Vidal-Gilbert 等(2009)基于数值模拟方法分析了巴黎盆地内地应力与储层压力耦合作用下 CO_2 地质封存体盖层中先存断层活化的临界强度(图 1-18)，结果显示，在不同的储层压力与地应力条件下，先存断层重新活化的临界强度存在差异，如在储层压力/地应力耦合梯度 $\beta=0.57$ 的条件下，当 CO_2 注入而导致储层增压达到 13 MPa 时，可造成盖层内先存断层的重新活化，进而影响封存效果。

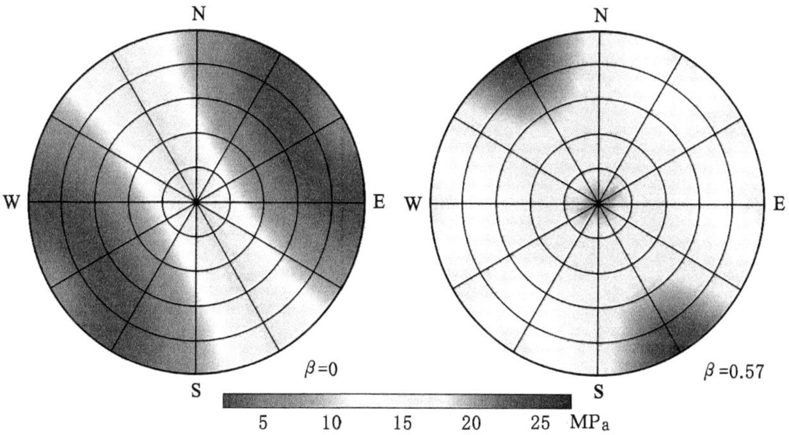

图 1-18　CO_2 封存体盖层内断层活化分析图解(据 Vidal-Gilbert et al.，2009)

核能可有效缓解世界能源日益匮乏的现状。在法国等发达国家，核电已经成为电力总容量比重最高的能源，而在中国，核电仅占2%，因此，核电将是我国能源未来发展的一个重要方向（王驹，2004）。然而，面临的问题在于核能的发展必然将产生大量的高放射性废物，其具有放射性、射线危害和热能释放特征，且难降解、难运输，核废料的安全有效处理是核技术发展的前提。

对于高放射性核废料，需将其进行永久隔离处理（牛琳琳，2015），隔离方法分为地质处置、冰层处置和太空处置等方法，其中，冰层与太空处置均是设想，现实可行的方法是地质处置法（Zhao et al.，2015）。核废料处置场地质构造与围岩的稳定性决定了其有效性，现今地应力状态是地下核废料选址、设计和建造过程中需要重点考虑的方面，揭示地应力状态对解决核废料处置场选址等重大工程地质问题具重要作用。

第 2 章　区域地质背景

2.1　鄂尔多斯盆地概况

鄂尔多斯盆地是中国第二大含油气盆地，处于中国大陆中部，属于华北板块的次级构造单元(图 2-1)，是一个沉降稳定、拗陷迁移、扭动明显的大型多旋回沉积盆地(刘池洋等，2006；杨华等，2009；付金华，2018)。盆地周边被一系列山脉所围绕，北起阴山，南至秦岭，西至六盘山，东达吕梁山(图 2-2)，山脉海拔一般在 2 000 m 左右。盆地内部相对较低，海拔在 800～1 400 m，横跨陕西、甘肃、山西、宁夏和内蒙古 5 省区，总面积约为 33×10^4 km^2，除去周边的河套、渭河、六盘山和银川等小型中新生代外围盆地，盆地本部面积约为 25×10^4 km^2。

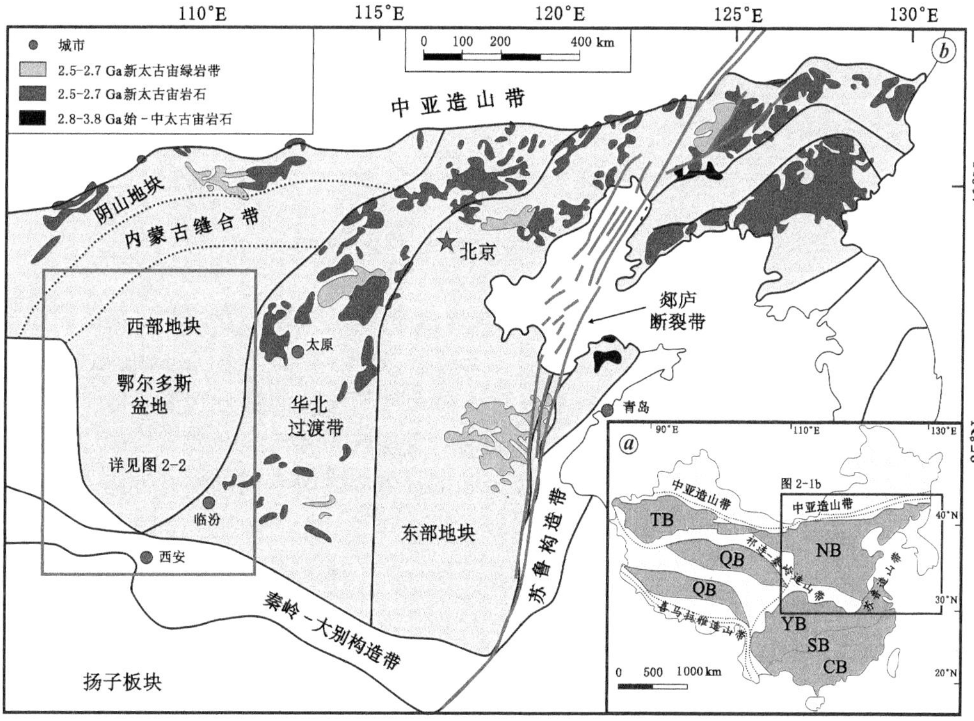

NB—华北板块；TB—塔里木板块；SB—华南板块；QB—羌塘板块；
QB—柴达木板块；YB—扬子板块；CB—华夏板块。

图 2-1　华北板块构造格架与单元划分图

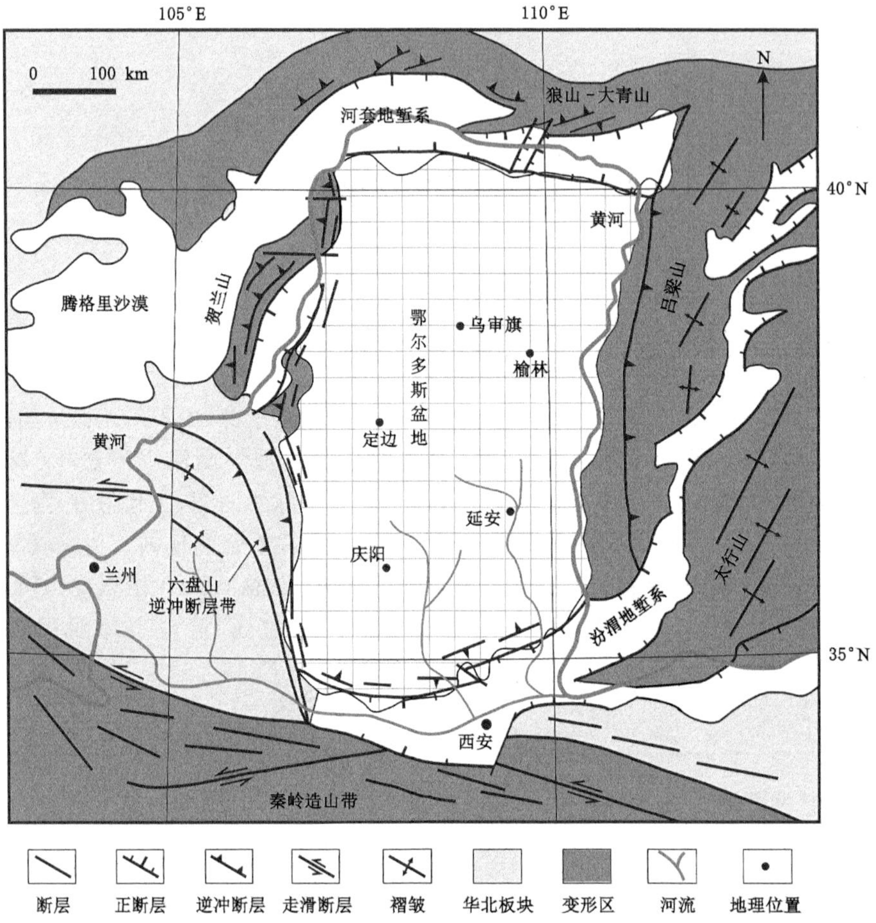

图 2-2　鄂尔多斯盆地及周边构造格架图

鄂尔多斯盆地内地层极为平缓，具备建造国家级资源基地的优势。含油层系为上三叠统延长组和侏罗系，产气层系为石炭-二叠系和奥陶系，呈现出“上油下气、南油北气”的分布格局(杨俊杰，2002)，估算结果显示，盆地内石油和天然气的资源量分别为 128.5×10^{8} t 和 15.16×10^{12} m^3(韩兴刚，2016)。随着对非常规油气资源认识和勘探开发实践的深入，目前，鄂尔多斯盆地上三叠统延长组致密油藏已成为中国最重要的致密油勘探开发区之一。除此之外，鄂尔多斯盆地发育多套含煤层系，煤炭资源极为丰富，其资源量占全国煤炭资源总量的 35.45%，埋深 2 000 m 以内的煤炭资源约为 2×10^{12} t，侏罗系、石炭-二叠系和三叠系分别占 75.32%、24.61%和 0.07%(张泓等，2005)。

2.1.1　构造演化

从构造演化、成因机制的角度，易于将沉积作用、构造运动、岩浆活动和深浅变质作用联系起来，有助于从整体上和本质上认识鄂尔多斯盆地漫长、复杂的地质构造演化历史，建立不同历史阶段的基本构造格局、沉积格架和不同属性盆地叠置方式与类型(何自新，2003)。

鄂尔多斯盆地在构造属性本质上属于华北板块的一部分，因此，其形成与演化是华北板块与古亚洲洋、古太平洋、古祁连洋、古秦岭和特提斯洋相互作用的结果(杨华等，2009)。盆地的基底形成于太古宙-古元古代，经太古宙末的阜平运动，陆壳褶皱上升，鄂尔多斯古陆核形成(牟泽辉等，2001)，古元古代末的吕梁运动标志着华北板块基底演化阶段的结束。

依据鄂尔多斯盆地不同发展阶段的地球动力学背景与沉积古地理环境，将其演化分成以下几个阶段：

2.1.1.1　中、新元古代拗拉槽阶段

自中元古代早期开始，中国大陆发生裂解，由地壳热点所控制的秦祁裂谷应运而生，并发展为陆间裂谷系，在一系列三联点作用下产生的由主裂谷楔入华北板块的陆内支裂谷又在其演化中夭折，区内从西到东有贺兰拗拉槽、晋陕拗拉槽和晋豫拗拉槽(图 2-3 和图 2-4)，分别以 N-S 和 NE-SW 向垂直古陆的南西和南缘插入其内部，并具有向南及南西敞开、北及北东收敛的楔形轮廓。

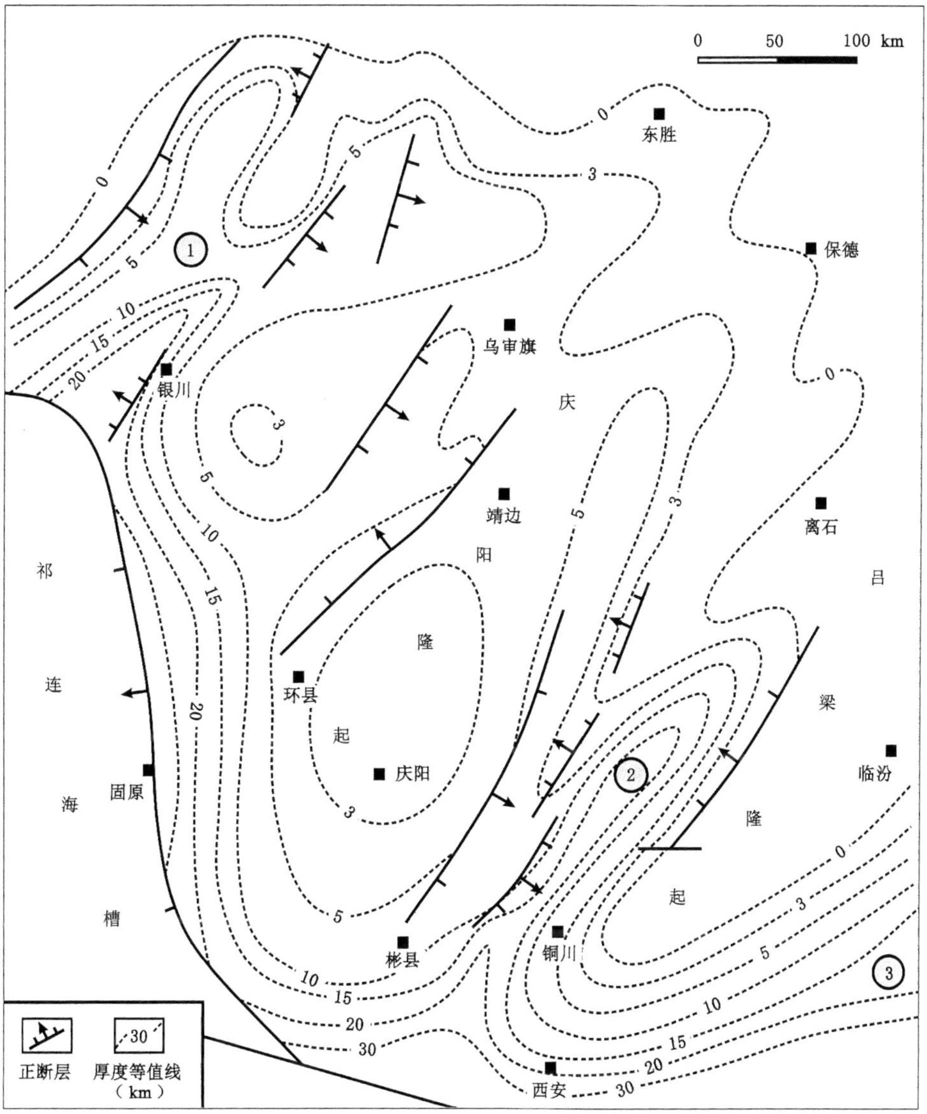

① 贺兰拗拉槽；② 晋陕拗拉槽；③ 晋豫拗拉槽。

图 2-3　鄂尔多斯地区中晚元古代拗拉槽分布图

根据拗拉槽所处大地构造部位及发育历史、岩浆活动和沉积特点，可将其分为陆缘、陆间和陆内拗拉槽。陆间和陆内拗拉槽在其规模、沉陷深度等方面不如陆缘拗拉槽，且陆内晋陕和晋豫拗拉槽开裂程度也不尽相同，前者受断裂控制发育支槽，后者断裂活动不明显（何自新，2003）。

中元古代末期的蓟县运动造成本区再次隆升为陆地，处于剥蚀状态，新元古代沉积只分布在贺兰山-陇县-洛南一带的低洼地区。

2.1.1.2　早古生代浅海台地阶段

早古生代时期，鄂尔多斯盆地的构造沉积演化主要受控于古亚洲动力体系，其南、北分别被秦祁海槽和兴蒙海槽所控制，东、西为残留的拗拉槽所夹持，形成了“北高南低，中间高、东西两侧低”的古地貌背景。在此阶段，华北板块表现为整体性的升降运动，属陆缘海盆演化阶段，在多幕次快速海进和缓慢海退的演化过程中沉积了一套全区稳定的、可追踪对比的、以海相碳酸盐岩为主夹有碎屑沉积的地层建造（图 2-4）。

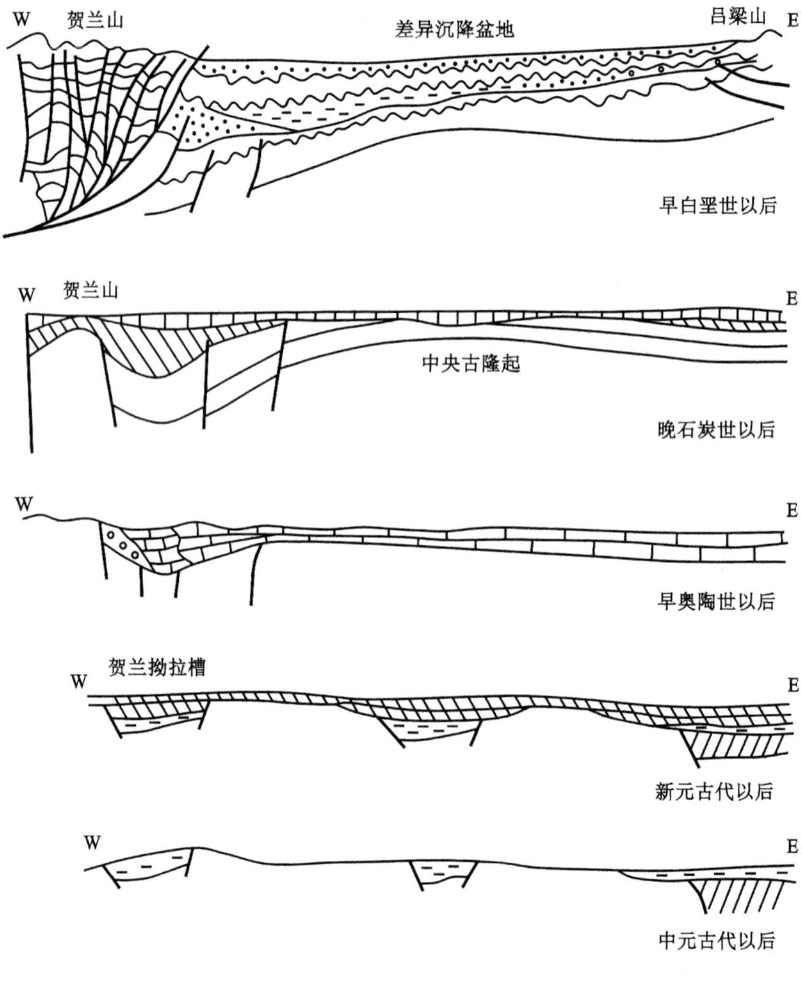

图 2-4　鄂尔多斯盆地构造演化模式图（据陈孟晋等，2006）

早古生代早期，海水由东部和南部向陆地进侵，形成浅海相碳酸盐岩和泥质碎屑岩；至寒武纪中、晚期，古气候逐渐趋于炎热、干旱，形成含陆源碎屑的红色泥质沉积和潮汐沉积；早、中奥陶世时，华北板块地壳运动处于宁静期，总体以缓慢沉降、海侵频繁为特征；至中奥陶世末，秦祁洋壳向北俯冲、兴蒙洋壳向南俯冲，导致在华北板块南、北缘形成加里东褶皱带，拼贴于其外侧，而内部表现为整体抬升，既无褶皱又少断层，其间经历了 14 亿年的沉积间断和剥蚀，缺失了上奥陶统—下石炭统。

2.1.1.3　晚古生代-中三叠世滨海平原阶段

晚古生代，包括鄂尔多斯盆地在内的华北板块发生巨大变化，主要表现为地理环境由海过渡为陆，地质环境由南北两侧双临海过渡为南侧半临海。

在此阶段，鄂尔多斯地区在阴山火山弧向南俯冲、秦岭火山弧向北俯冲的作用下，导致其南北缘发生隆升，而贺兰拗拉槽在早石炭世晚期再次拉开，较早地接受沉积，形成上古生界区域性沉降带，出现了乌达、韦州和中宁三个局部拗陷；早石炭世晚期，西部形成了与古特提斯连通的南北向海湾，东部为与华北板块拗陷相通的潮坪；至晚石炭世，发生进一步海侵，导致沉积范围扩大，并最终汇聚（图 2-4）；早二叠世山西组沉积时期，煤系地层发育，在银川、环县一带的西部浅拗陷沉积岩厚 150 m，东部的浅拗陷在绥德、宜川一带沉积岩厚 100 m，随后的下、上石盒子组大体沿袭着山西组的沉积背景，气候逐渐干旱，至孙家沟组沉积时，地壳沉降发生巨大调整，由南部和北部的沉降代替了前期西部与东部的沉降；早三叠世时的华北北界为北京-阴山南缘，西界为银川-宝鸡，南界为西安-许昌，东界为济南-砀山，其南濒临西秦岭浅海和南祁连海湾；至中三叠世，扬子海明显海退。

2.1.1.4　中生代晚三叠世-白垩纪内陆盆地阶段

在古生代和早、中三叠世演化背景之上，晚三叠世区域构造体制开始发生转变，由古亚洲洋向太平洋动力体系转换。由于库拉板块向欧亚大陆俯冲，华北地区普遍抬升，在其东部形成近南北向的左行剪切应力场，发育主体位于现今渤海湾地区，即华北隆起（赵重远等，1990），在其作用下，晚三叠世华北地区的沉积范围向西推移至太行山以西，且该隆起也逐渐向西迁移。在该阶段，鄂尔多斯地区结束了南北对挤的历史，主要受来自太平洋板块近南北向左行剪切挤压应力和西南部板块向北推挤造成的近南北向右行剪切挤压应力的联合作用。

晚三叠世-中侏罗世时期，鄂尔多斯原始盆地的东部沉积边界在现今吕梁山脉以东，并随着盆地演化，其东缘不断抬升，东边界逐渐向西迁移，且其间发生多次不均匀抬升剥蚀；晚侏罗世的燕山运动造成鄂尔多斯盆地原始面貌发生巨大改变，主要表现为盆地西部逆冲活动强烈，盆地东部形成由复背斜和复向斜组成的吕梁隆起带，将盆地东界推移至吕梁山以西；早白垩世时期，盆地西缘继续发生着逆冲作用（图 2-4），但活动强度有所减弱，盆地东部隆起继续向西推进，西低东高的地势进一步发展，在鄂尔多斯盆地范围内形成一个西倾大单斜。至此，鄂尔多斯盆地发展成为一个四周边界和现今盆地范围相当的独立盆地。

2.1.1.5　新生代断陷阶段

早白垩世末以来，区域动力体系再次发生转换，鄂尔多斯盆地的构造演化受到太平洋动力体系控制，且来自西南部青藏高原隆升作用的远程挤压效应逐渐明显。鄂尔多斯盆地总体表现为抬升、湖盆消失，此后再没有大范围接受区域性广泛沉积，盆地进入了以遭受多种形式强烈且不均匀改造为主的演化时期，在鄂尔多斯盆地周缘出现总体张性、局部挤压的构造环境，促使右行拉张断裂的活动，产生一系列断陷，如河套、银川、渭河断陷。

2.1.2 构造单元划分

根据现今盆地的构造特征，结合盆地演化史，将现今鄂尔多斯盆地划分为伊盟隆起、渭北隆起、西缘冲断带、天环拗陷、伊陕斜坡和晋西挠褶带等 6 个一级构造单元(图 2-5)。

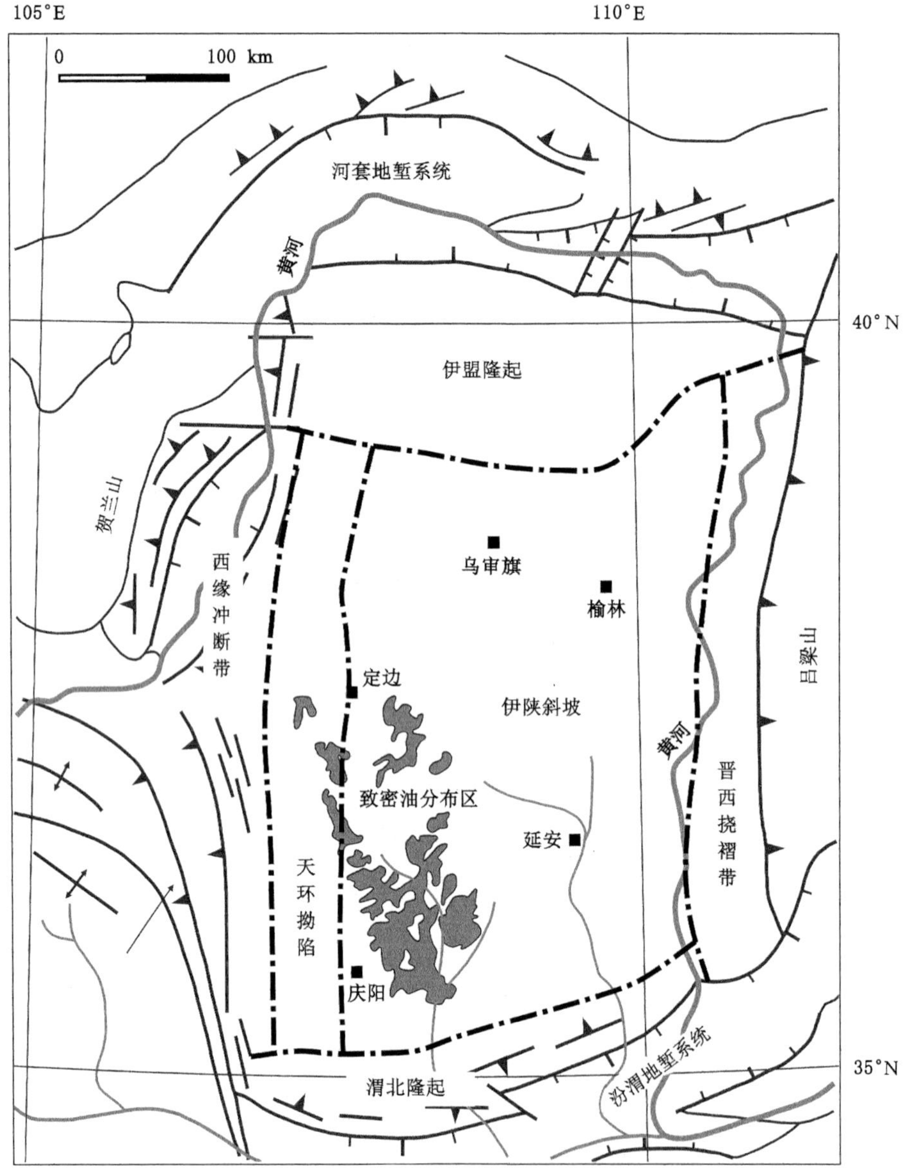

图 2-5 鄂尔多斯盆地构造单元划分图

2.1.2.1 伊盟隆起

自古生代以来，伊盟隆起一直处于相对隆起的状态，影响着鄂尔多斯盆地的演化与发展，从而控制着古生代和中、新生代的沉积，致使各时代地层均向隆起方向变薄或尖灭缺失。

新生代河套盆地断陷下沉，把阴山与伊盟隆起分隔，形成现今伊盟隆起的构造面貌，其北界为河套盆地南缘一系列高角度的北倾正断层（即磴口-托克托断裂带），地表被第四系覆盖，隆起的中部主要为三叠系和侏罗系（侯光才等，2008）。

该隆起自北而南可再细划分为 3 个二级构造带：乌兰格尔基岩凸起带、伊北挠褶带和伊南斜坡。乌兰格尔基岩凸起带内前寒武系基地埋藏极浅，应属鄂尔多斯盆地的北端；伊北挠褶带区域构造背景为东北抬升、向西南倾伏，包括柳沟-石股壕鼻状挠褶带、罕台川-卜尔江海子鼻状挠褶带、东胜-盐路渠鼻状挠褶带以及杭锦旗-秦太梁弧形挠褶带；伊南斜坡总体趋势表现为东北翘升、西南倾伏，构造呈单斜状，少见背斜（杨俊杰，2002）。

2.1.2.2　渭北隆起（渭北挠褶带）

中、新元古代到早古生代为一个向南倾斜的斜坡，至早石炭世晚期，东西两侧均相对下沉，西侧沉积了羊湖沟组，东侧沉积了本溪组。在中生代晚期开始隆起，新生代鄂尔多斯盆地的边部解体，渭河地区沉陷下沉，渭北地区进一步翘倾抬升，形成现今构造面貌。

该挠褶带自南而北包括 8 排北东走向的鼻隆背斜构造带（图 2-6）：苏家店南背斜带、苏家店-马家河背斜带、田家嘴-杨家山穹隆带、姚曲-走马湾-照金穹隆带、焦村穹隆带、四郎庙-庙湾鼻隆带、岭底村-骆驼巷鼻隆带和店头-马栏鼻隆带。

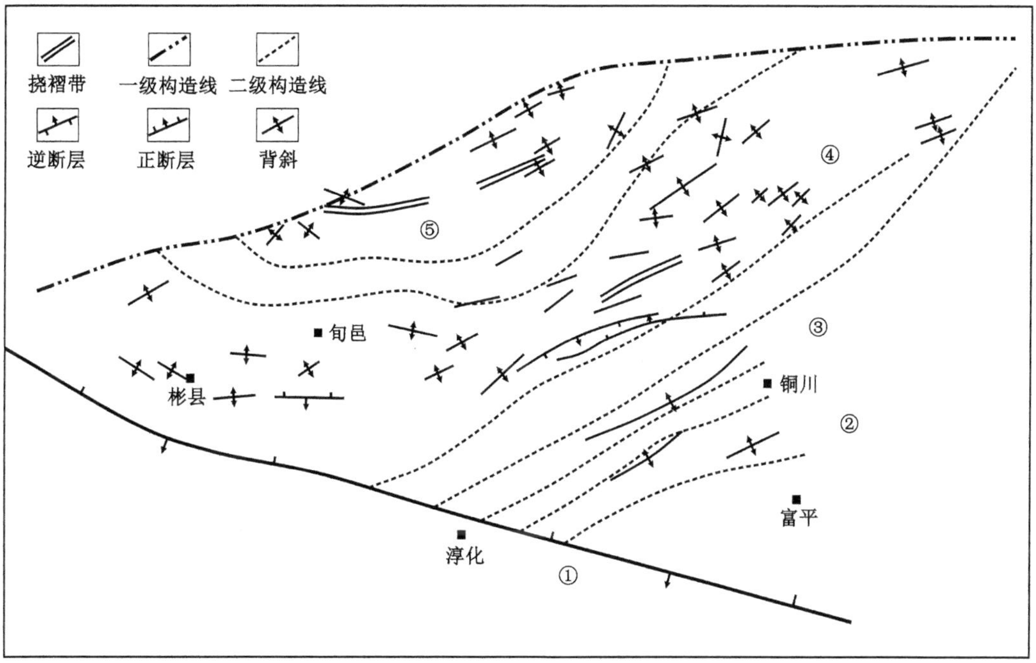

① 老龙山断裂带；② 苏家店南构造带；③ 苏家店-马家河构造带；④ 田家嘴-底角沟构造带；⑤ 马栏-建庄构造带。

图 2-6　鄂尔多斯盆地渭北挠褶带构造纲要图（据李克勤等，1992）

2.1.2.3　西缘冲断带

该冲断带位于贺兰山-六盘山褶皱带以东，天环拗陷以西，南北延伸长约 600 km，东西宽 30～80 km。古生代处于现今盆地之西贺兰海的东部，三叠纪中、晚期以及中侏罗世属陆相鄂尔多斯盆地西部，晚侏罗世挤压冲断活动强烈，形成南北构造特征不同且分区明显的构造变形带，早白垩世以来分化解体，新生代晚期挤压冲断并抬升明显（图 2-7）。目前，西缘冲断带整体表现为沿走向分段、沿倾斜方向分带的特征，大致以青铜峡-马家滩为界分为南部和北部两个截然不同的冲断体系，其间为近东西向的平移断层所分割。

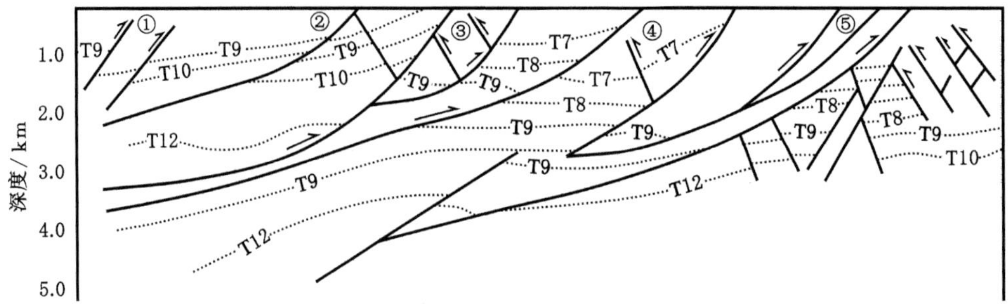

T7—延长组内；T8—孙家沟组底；T9—太原组顶；T10—奥陶系顶；T11—寒武系底。
① 青铜峡-固原断裂；② 韦州-安国断裂；③ 青龙山-平凉断裂；④ 惠安堡-沙井子断裂；⑤ 马儿庄断裂。
图 2-7 鄂尔多斯盆地西缘冲断带横剖面蓝图（据汤锡元等，1992 修改）

西缘冲断带的二级构造包括 5 个冲断席，即桌子山复合冲断席、横山堡阶状冲断席、沙井子片状冲断席、石沟驿复合冲断席和马家滩叠瓦冲断席。

2.1.2.4 天环拗陷

该拗陷位于盆地西部，呈南北向带状展布（图 2-5），西部以磴口-平凉断裂与西缘冲断带相邻，东与伊陕斜坡过渡，北达内蒙古千里山东麓，南抵渭北秦岭构造带北侧，范围约为 3.2×10^4 km^2。在古生代表现为西倾斜坡，晚三叠世开始拗陷，侏罗纪-早白垩世拗陷断续发展，并向东偏移，新生代拗陷结构进一步加强，形成现今西翼陡、东翼缓、轴部相对平坦、北部未封闭、地层保存相对较全的不对称向斜结构。西翼一般距轴部 10～20 km，倾角为 3°～10°，东翼地层西倾，倾角一般小于 1°，轴部地层相对平缓。

2.1.2.5 伊陕斜坡（陕北斜坡）

该斜坡位于盆地中东部，主体表现为南北向延伸（图2-5）。在新元古代和早古生代，该区一度为隆起区，晚古生代-中生代时该区沉降，接受陆相沉积，在晚侏罗世初显雏形，主要形成于白垩世之后，呈向西倾斜的平缓单斜。东部斜坡稍陡，平均坡降约为 10 m/km，地表三叠系出露；西部斜坡平缓，平均坡降约为 6 m/km，地表出露侏罗系-白垩系。该斜坡占据盆地中部广大范围，构造不发育，仅发育小型鼻状构造。

2.1.2.6 晋西挠褶带

该挠褶带位于盆地东部，南北长约 450 km，东西宽 50 km，面积约为 2.3×10^4 km^2。在中、新元古代处于相对隆起状态，古生代和中生代分别为华北和鄂尔多斯盆地的组成部分，中生代晚侏罗世抬升，后期强烈剥蚀使之成为鄂尔多斯盆地的东部边缘，受吕梁山隆升和基底断裂活动的影响，形成一系列南北走向的短轴背斜为特征的褶皱带，成为鄂尔多斯盆地的东部边缘。

区域内构造向东翘升，向西倾伏，呈阶状跌落，全带地层倾角为 5～10°。该带由北向南可划分为 4 个二级构造带：保德-兴县背斜带、临县-柳林背斜带、永和-石楼背斜带和蒲县-吉县背斜带（图 2-8）。

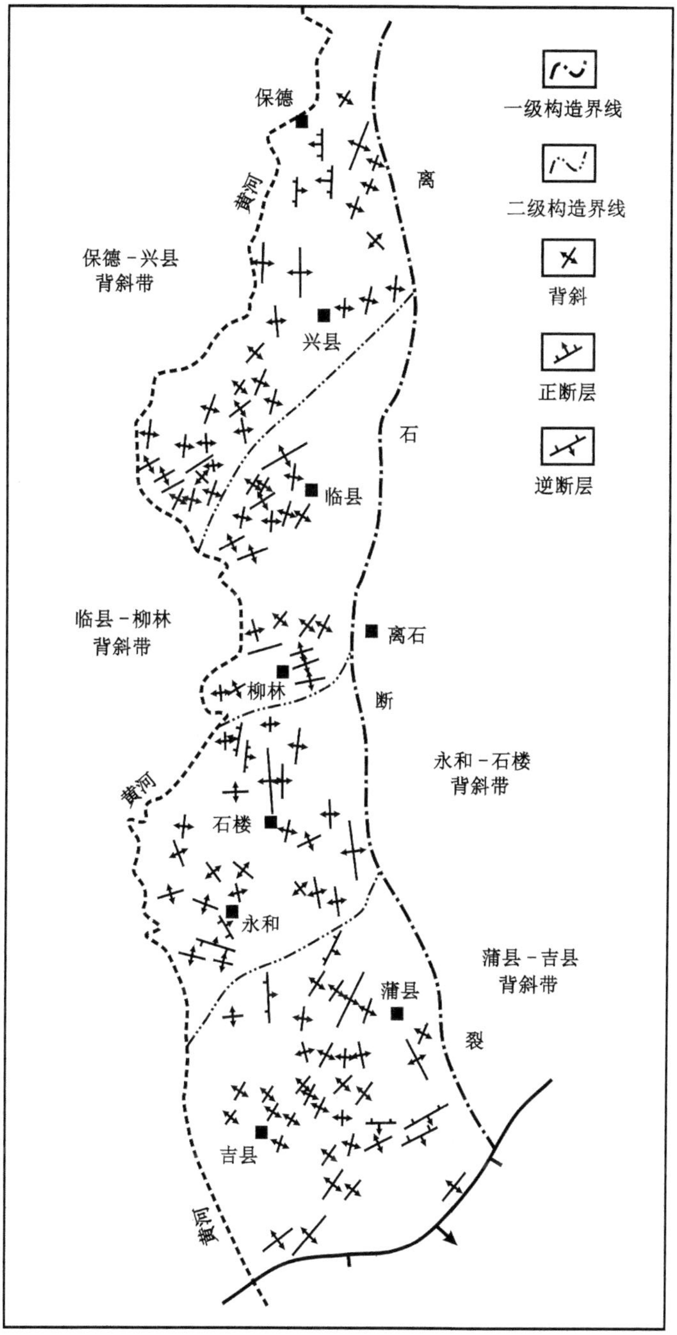

图 2-8　鄂尔多斯盆地晋西挠褶带构造纲要图(据李克勤等,1992,修改)

2.1.3　地层格架

鄂尔多斯盆地地层区划属于华北地层大区,其西部为华北西南缘地层区,东部为山西地层区,南部隔渭河地层小区与秦岭-祁连地层区相望,北部与阴山地层区相邻。

前寒武系主要出露在盆地周边构造隆升区,主要包括太古宇、古元古界、中元古界长城系和蓟县系、新元古界青白口系和震旦系，其中，太古宇和古元古界构成盆地古老基底，岩性主要为黑云片麻岩、花岗片麻岩以及绿片岩。基底之上的沉积盖层发育较全，仅缺失志留系、泥盆系和下石炭统(图 2-9)，平均沉积厚度约为 5 000 m。中、新元古界主要为浅变质的碎屑岩、碳酸盐岩和少量火山岩。

地层				主要岩性	厚度/m	主要沉积相	备注
界	系	统	组				
新生界	第四系			沙层和黄土	70-300	风成	盆地周缘断陷盆地为砂岩、泥岩、砾岩
	新近系 古近系			泥质岩、石膏层、红土	20-370	河流、湖泊	
中生界	白垩系	上统	特盖庙组	砂岩、泥质岩	100-200	河流-湖泊	
		下统	东胜-罗汉洞组	砂岩、泥质岩	400-1 100	河流、湖泊	
	侏罗系	上统	环河-宜君组	砾岩、砂岩、泥质岩	1 200-1 800	沙漠、河流、湖泊	
		中统	芬芳河组	砂砾岩	0-2 700	冲积扇	
			安定组	碳酸盐岩、页岩、砂岩	100-400	湖泊	
			直罗组	砂岩及泥质岩	100-450	河流-湖泊	
		下统	延安组	砂泥岩夹煤层	250-350	河流及湖泊	盆地油气主要产层
			富县组	泥质岩、砂岩	0-100	河流、残积、坡积	
	三叠系	上统	延长组	砂岩、页岩夹薄煤层	400->2 000	湖泊	
		中统	纸坊组	砂页岩、南缘夹海相层	150-850	近海湖泊	
		下统	和尚组	泥质岩	40-100	湖泊	
			刘家组	砂泥岩互层	100-820	河流	
上古生界	二叠系	上统	孙家沟组	泥质岩、砂岩为主	150-800	近海湖泊	
		中统	上石盒子组	泥质岩夹砂岩	100-350	湖泊	盆内煤成气主要产层
			下石盒子组	砂泥岩互层	20-220	河流	
		下统	山西组	砂泥岩夹煤层	20-140	三角洲及湖坪	
	石炭系	上统	太原组	砂岩、泥岩夹煤层和碳酸盐岩	50-400	湖坪	
			本溪组	砂泥岩互层夹煤层和碳酸盐岩	0-560	潟湖及潮坪	
			靖远组	页岩夹碳酸盐岩、煤线	30-7 470	湖坪	
		下统	臭牛沟组	砂岩、页岩、碳酸盐岩	20-500	潟湖	仅见于中卫地区，盆内无沉积
			前黑山组	砂岩夹碳酸盐岩	80-120	湖坪	
	泥盆系			砂砾岩夹泥质岩	300-1 360	冲积扇-滨海	
下古生界	奥陶系	上统	背锅山组	砾屑灰岩、微晶灰岩	5-990	开阔台地 台地边缘浅滩	
			姜家弯组	泥、页岩与砂岩互层	>258	陆棚-斜坡	
		中统	平凉组	泥质岩、砂岩和灰岩	67-2 055	陆棚-盆地	
		下统	峰峰组	泥质岩、灰岩、白云岩	30-255	陆棚-斜坡	石油裂解气主要产层
			上马家沟组	藻屑灰岩、豹斑灰岩	74-561	台地及陆棚	
			下马家沟组	微晶灰岩、白云岩	34-335	台地	
			亮甲山组	含燧石结核条带白云岩	17-270	台地	
			冶里组	白云岩、泥云岩	13-150	台地	

图 2-9　鄂尔多斯盆地及其周缘地层综合柱状图(据张福礼等，1994，修改)

地层				主要岩性	厚度/m	主要沉积相	备注
界	系	统	组				
下古生界	寒武系	上统	凤山组	白云岩	0-198	台地	
			长山组	灰岩、云灰岩、白云岩	4-189	台地	
			崮山组	灰岩、泥质岩、泥质条带灰岩、白云岩	30-139	台地	
		中统	张夏组	鲕粒灰岩、白云岩	10-421	开阔台地-陆棚	
			徐庄组	砂岩、页岩、灰岩	39-300	台地	
			毛庄组	页岩、泥灰岩、灰岩	6-375	台地	
		下统	馒头组	页岩、泥灰岩、灰岩	19-62	蒸发-局限台地	
			辛集组	磷块岩、含磷砂砾岩白云岩、灰岩	14-52	蒸发-局限台地	
中上元古界	震旦系		罗圈组|正目观组	冰碛岩	90-100	冰川	
	蓟县系			硅质灰岩燧石条带灰岩	700-2 240	浅海	
	长城系			石英砂岩	14-430	浅海	
下元古界太古界				变质岩			基底

图 2-9　鄂尔多斯盆地及其周缘地层综合柱状图(续)(据张福礼等,1994,修改)

下古生界主要以海相碳酸盐岩为主(图 2-9),沉积厚度为 400～1 600 m。寒武系和奥陶系呈“U”形广泛出露于盆地东、南和西部,盆地内部分深孔亦可有发现。随后,由于构造运动作用使本区整体抬升,遭受风化剥蚀,缺失志留系、泥盆系和下石炭统。

上古生界由局限的海相沉积向陆相河流、沼泽沉积过渡,厚度为 600～1 700 m。进入晚石炭世,鄂尔多斯地区接受了一套海陆交互相含煤碎屑岩沉积。二叠纪开始,海水逐渐退出,沉积了一套近海平原湖相→河流三角洲相→沼泽相为主的碎屑岩夹煤系建造(图 2-9)。

中生界主要为陆内湖泊、沼泽以及河流相沉积,厚度为 2 500～3 000 m。三叠系为一套内陆河流、湖泊、沼泽相碎屑岩建造,与二叠系连续过渡,盆地内的钻孔皆可钻遇,是鄂尔多斯盆地重要的致密油、页岩油等资源的产层;侏罗系为一套河流、湖泊相碎屑岩夹煤层沉积,是鄂尔多斯盆地石油、煤炭和砂岩型铀矿等能源矿产的重要产层;白垩系主要为陆相碎屑岩沉积,埋藏相对较浅。

新生界的古气候由湿热向干旱转变,构造由沉降转变为隆升,致使沉积地层的厚度不足 300 m(杨俊杰,2002),地表广泛出露于盆地的中西部,其他地段零星分布,底部不整合于白垩系及更老地层之上,其上被第四系覆盖,主要为风成沙层和黄土(图 2-9)。

2.2　晚三叠世盆地格局

鄂尔多斯盆地在晚三叠世由于受印支运动的影响,盆地边界和展布范围发生变化,对盆地物源和沉积格局产生重大影响,进而影响致密油的形成、分布和成藏。因此,晚三叠世构造格局及其沉积响应是研究致密砂体沉积体系的基础。

2.2.1 湖盆形成动力背景

鄂尔多斯盆地的形成、演化与华北板块的构造发展息息相关。随着二叠纪海西期构造旋回的结束，鄂尔多斯地区结束了早期的构造应力环境(翟光明等，2002；侯光才等，2008；付金华，2018)。从早三叠世印支构造旋回起，盆地演化的地球动力机制与以前完全不同。由于库拉-太平洋板块向欧亚板块的俯冲作用，使华北板块东部大部分地区隆起，同时，在西南部特提斯力源作用下，秦岭-祁连造山带向北挤压，于是形成相对独立的鄂尔多斯盆地。

中三叠世末，随着华北板块与扬子大陆的碰撞、对接，其间的古特提斯洋闭合，海水向西南退去(张国伟，1988)，拼接会聚之后的两大块体长时间处于挤压状态(图 2-10)，并具有周期性持续强化的特征。晚三叠世时期，受秦岭-祁连山的隆升作用以及区域构造应力场的影响(付金华等，2001)，在鄂尔多斯盆地周缘形成 4 种不同的盆地边界，即西北缘伸展盆地边缘、西南缘走滑-逆冲断裂盆地边缘、南缘逆冲断裂盆地边缘和东部缘被动宽缓盆地边缘。

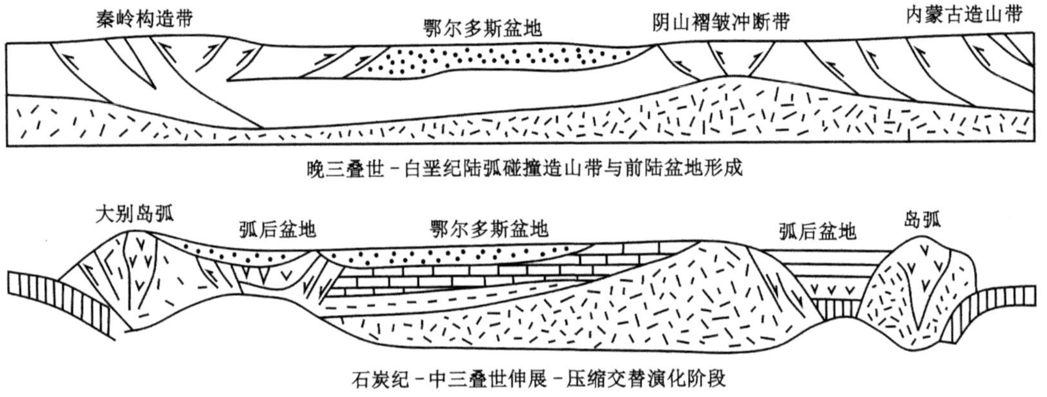

图 2-10　印支期鄂尔多斯盆地构造演化图(据翟光明等，2002，修改)

鄂尔多斯盆地沉积与造山带活动关系较好地解释了沉积边界、盆地均衡性以及对盆地内沉积体系分布格局的影响(付金华，2018)。晚三叠世早期，鄂尔多斯盆地缓慢下沉；中期，秦岭强烈造山，致使鄂尔多斯盆地快速沉陷；晚期，区域构造活动趋于平缓，盆地逐渐开始肢解。

2.2.2 湖盆边界与形态演化

综合分析对比鄂尔多斯盆地内部延长组沉积过程中不同阶段和不同地区形成的充填特征，受中生代晚期印支构造运动的影响，盆地内部发生不均衡沉降。鄂尔多斯盆地北部与南侧秦岭山区局部保留的延长组地层具有相似、可比的沉积充填特征及演化层序，说明鄂尔多斯盆地在晚三叠世属广域盆地。再结合鄂尔多斯盆地上三叠统厚度(图 2-11)，不难看出当时盆地"北高南低、东窄西宽"，且发育多个沉积中心，其中，明显较大的沉降中心位于盆地中南部的华池、富县、正宁、铜川一带，可称为"延长湖"，盆地北部多为河流相、三角洲相沉积，南部多为湖泊相沉积(白云来等，2006)。

2.2.2.1 湖盆边界

基于构造分析、边界两侧地层、盆地的边缘相带、砂体等厚展布方向、古水流特征以及地震剖面等方面的综合研究，确定鄂尔多斯盆地晚三叠世延长期的盆地边界。

盆地北缘地区包括狼山、乌拉山、大青山和阴山，其结晶基底由中、新太古界多套变质岩系组成。在晚三叠世延长组沉积期，除伊盟隆起的部分地区接受沉积外，绝大部分为地势高的隆

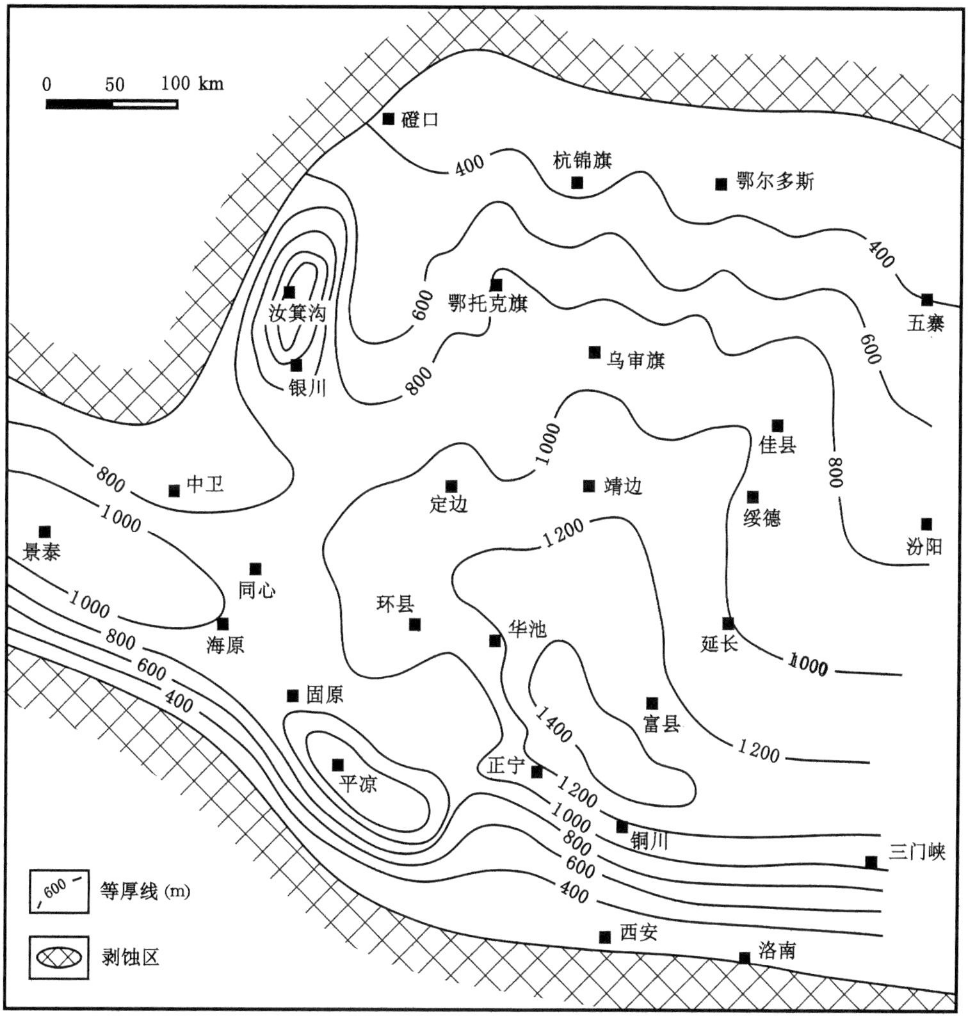

图 2-11　晚三叠世鄂尔多斯盆地延长组厚度图(据白云来等,2006)

起区,阴山古陆构成了盆地的北部边界,并为晚三叠世沉积盆地提供主要物源(杨华等,2009)。

在盆地西北缘,鄂尔多斯盆地大地构造以及残存延长组分布特征表明,贺兰山西缘断裂带东西两侧在地层分布、构造演化等方面存在明显差异;该断裂带东侧的延长组发育杂色混杂堆积的边缘相沉积,且具有相变快的特点。基于贺兰山三叠系与侏罗系接触关系、物源与古水流特征(苏春乾等,2004)分析,鄂尔多斯盆地与贺兰山之间在晚三叠世时期并没有明显的分割,总体上是靠近北部物源、向西平缓抬高的地质格局。另外,鄂尔多斯盆地西缘冲断带北段的拉斑玄武岩及其裂变径迹实验研究(刘少峰等,1997;高山林等,2003)亦证明,在晚三叠世延长期,贺兰地区的构造环境属于陆内裂陷阶段拉张环境。阿拉善古陆东部边缘的贺兰山西缘断裂带构成了晚三叠世延长期鄂尔多斯盆地的西北边界(杨俊杰,2002;赵文智等,2006)。

在盆地西缘,西缘冲断带的隆升发生在晚侏罗世以后,是燕山期-喜马拉雅期构造运动的结果(刘池洋等,2005)。晚三叠世时期,鄂尔多斯盆地本部与六盘山盆地及河西走廊地区间并无明显隔挡，沉积具有连通性（白云来等，2006；赵文智等，2006）。其证据主要包括：① 六盘山盆地内普遍发现上三叠统及古生物化石；② 河西走廊地区普遍存在延长组沉积；③ 地震剖面显示延长组在盆地西缘的各个断裂带均有存在，推测原始沉积可能与六盘山及河西走廊地区相互贯通。

晚三叠世延长期鄂尔多斯盆地西南缘沉积边界是六盘山西缘断裂，其依据如下：① 该断裂面倾向南西，是一条大型逆冲断裂，向西与北祁连北断裂相接，其南北两侧构造单元的发育史截然不同，南侧属秦祁加里东褶皱带，北侧为华北陆块；② 六盘山西缘断裂带西南侧为西吉盆地，直到中新生代才形成断陷盆地，而其东侧发育盆地边缘相沉积；③ 地震剖面反射特征反映出盆地西南边界大体位于六盘山西缘断裂带东侧。

在盆地南缘，刘绍龙（1986）通过分析野外残存露头特征以及区域范围对比后认为，晚三叠世延长期沉积范围南界应跨越渭河地堑和北秦岭地区，至商丹缝合线北侧的周至-洛南-卢氏-南召一线。

目前对鄂尔多斯盆地东部边界认识的分歧主要集中于三叠纪吕梁山古陆是否存在。杨华等（2009）基于华北板块不同地层、岩性以及区域不整合面等基础资料的重新认识，认为晚三叠世延长期鄂尔多斯原始盆地的东部边界向东可延伸至豫西、豫北及山西中西部地区。三叠纪时，吕梁山古陆不存在，它是后期抬升的古隆起。

由此，恢复的晚三叠世鄂尔多斯原型沉积盆地轮廓为北部以阴山古陆、贺兰山西缘断裂为界，西部与六盘山盆地和河西走廊地区相通，西南部至六盘山西缘断裂，南部跨越现今渭河地堑和秦岭地区，达商丹缝合带北侧，东部可延伸至豫西、豫北及山西中西部地区（图2-12）。

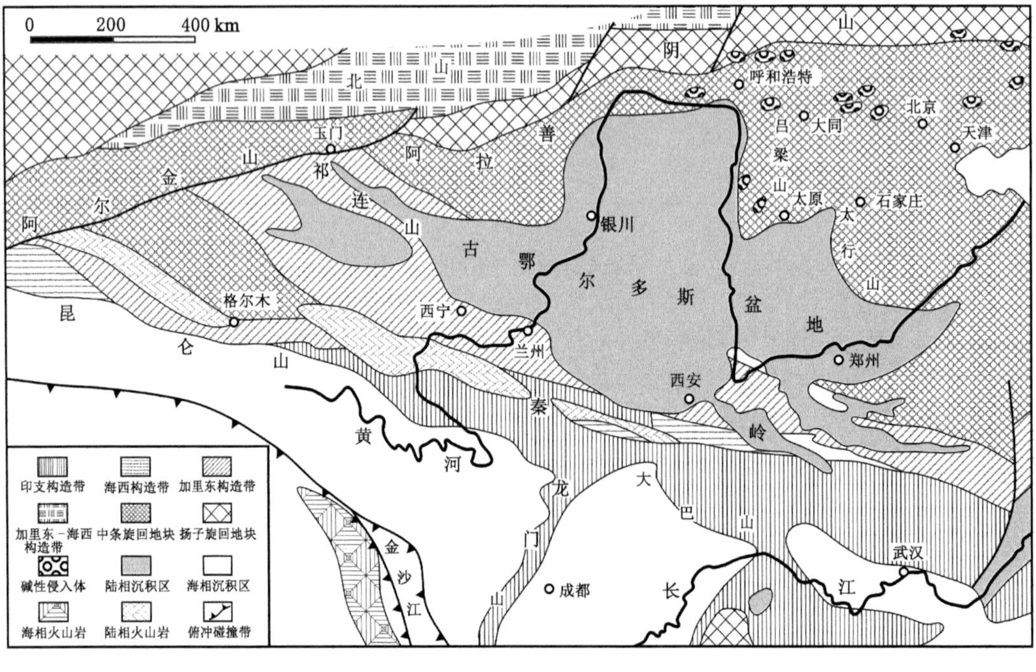

图 2-12　晚三叠世鄂尔多斯盆地原型构造格局图

2.2.2.2　湖盆形态演化

（1）延长期湖岸线演化

湖岸线实际是湖水在丰水和枯水期于湖盆边缘斜坡带上形成的一个相对变动带，其方向基本上与区域古斜坡和物源方向垂直。根据岩相古地理研究以及环境气候特征分析，并结合古地理背景，可以从地层等厚线、沉积结构构造、岩石地球化学性质、腐植煤、腐泥煤、古生物以及遗迹化石等标志确定湖岸线位置及其演化。

晚三叠世延长组沉积时，鄂尔多斯盆地经历了发生、发展直至消亡的完整演化过程。在地层剖面上，按照盆地的演化阶段，自上而下可将延长组油层分为长 1、长 2、长 3、长 4＋5、长 6、长 7、长 8、长 9 和长 10 共 10 个油层组，对应其相应沉积期。

三角洲平原为三角洲陆上沉积，三角洲前缘为三角洲水下沉积，在沉积相划分中以三角洲平原与前缘亚相的界限为湖岸的界线。在单井和连井剖面沉积相分析的基础上，按照由点到线再到面的原则来确定延长期湖岸线。当出现某一油层组既存在湖平面以下，又有湖平面以上的沉积时，划分以主体为原则：若水下为主，则湖岸线向湖外推移，否则湖岸线向湖中心推移。在无明显相标志的情况下，一般应参考砂厚/地厚的数值，该值越大，湖岸线向湖中心推移，否则湖岸线向湖外推移（杨克文等，2009）。

研究表明，湖盆主要沿 NW-SE 方向展布。长 10 期，鄂尔多斯内陆湖盆已经开始形成，其格局和面貌已初步呈现，长轴方向沿 NW-SE 向伸展，湖岸线分布在正宁-环 62 井-定边-新 61 井-延安-富县一带，湖岸线范围北窄南宽，由北西向南东敞开；长 9 期，湖盆快速下沉，与长 10 期相比，沉积面貌发生了重大改观，湖区迅速扩大，致使湖岸线迅速外推，湖岸线沿镇原-环县西-峰 3 井-安边-麒参 1 井南-子长-延安东-旺 10 井一带分布；长 8 期，湖盆的沉降速度减慢，湖盆范围仍持续增大，湖岸线在东北部基本继承了长 9 期的格局，在西南部则继续外推，使其全部位于湖平面以下；长 7 期的湖盆沉积格局与长 8 期基本相似，此时湖盆的面积显著增加，湖岸线的范围大幅度向外推进，在东北部可达靖边-麒参 1 井-子长一带，在西南部仍继续保持在湖平面以下；长 6 期，由于碎屑物供应充分，湖岸线开始收缩，在东北部分布在峰 5 井-安边-延安一带；长 4＋5 期，湖盆面积进一步缩小，在西南部湖岸线向湖中心明显收敛，已收缩至镇原东-长武一带，东北部的湖岸线在峰 5 井-安边-新 61 井-延安-富县一带；长 3 期，湖岸线逐渐向南推移，主要分布在庆阳东-环县-峰 3 井-志丹-延安一带；长 2 期，在强烈的后期抬升和剥蚀作用影响下，湖盆继续南移，在北部湖岸线已到达吴起-志丹-富县一带；长 1 期，仅在中南部残存小型湖泊，长 1 晚期，在大理河庙沟和麒麟沟、子长寺湾地区为深湖，其外围为小面积的浅湖（李文厚等，2009；国吉安等，2010；图 2-13～图 2-21）。

（2）深湖线演化

确定平面上深湖线的位置遵循原则为：充分收集可反映古水深和古环境的古生物、岩石矿物学标志以及其他标志，如垂直虫孔、水平虫孔、槽模和沟模等，依次进行单井相划分、剖面沉积相对比与平面相分布，确定各期深湖线在平面上的分布位置。当出现某一油层段既有浅湖，又有深湖沉积时，划分以主体为原则，以浅湖为主，则深湖线向湖内推，否则向湖外推。

研究结果显示，长 10 期，河流满盆发育；长 9 期，发生快速的湖进，深湖线分布在志丹-富县-华池一线；长 8 期，湖盆向西南迁移，深湖线分布在环县-华池-正宁-志丹一线；长 7 期，湖盆发育达到鼎盛，湖水进一步加深，深湖线在西南部分布在环县-镇原-长武-旬邑一线，在东北部可达定边-吴起-华池-志丹-延安-富县-黄陵，分别向西南和东北方向开口；长6期至长4+5期，深湖范围逐渐收缩，长6期深湖线分布在黄陵-麻黄山-环县-长武所限定的区域，深湖线在西北部开始封闭；长4+5期，湖盆范围进一步收缩，深湖区进一步从西北部、西南部和东北部向湖中心收缩，深湖线主要分布在黄陵-华池-环县-旬邑一带；长3期和长2期，深湖基本消失；由于盆地基底不均衡沉降，长1期，基底不断抬升，促使整个湖盆进一步分化瓦解，在差异沉降的影响下，沉降中心迁移到子长一带，深湖短暂出现，浊流沉积发育，其他地区广泛发育河流沉积。总体显示出深湖先向西南再向东北迁移的特点（李文厚等，2009；国吉安等，2010；图2-13～图2-21）。

2.3 盆地上三叠统沉积体系特征

2.3.1 物源分析

鄂尔多斯盆地外围陆源源区的母岩类型以及沿途流域裸露的基岩岩性与盆地沉积物有密切联系。通过对盆地周缘露头区延长组砂岩所测得的有关古水流方向数据进行分析，盆地边缘沉积水系古水流有两大主流方向，即NE方向和SW方向；西北缘露头古水流方向基本为106°～134°；西缘露头古水流从甘肃景泰流经宝积山，直至环县，总体流向由西向东；南部旬邑-铜川古水流方向为323°～352°。上述数据表明，晚三叠世鄂尔多斯盆地具有多物源、多水系注入的特征。

根据盆地中轻矿物的特征，结合对盆地周边野外剖面砂岩薄片轻矿物组分的定量统计结果，可将其划分为西北物源区、西部物源区、西南物源区、南部物源区和东北物源区（表2-1）。

表2-1 鄂尔多斯盆地延长组砂岩轻矿物含量对比表

地区	剖面名称	石英/%	长石/%	岩屑/%
西北	平罗汝箕沟	21.7	54.2	24.1
	灵武石沟驿	31.5	39.1	29.3
西部	景泰莫奕山	58.2	25.3	16.5
	兴仁油井山	75.5	16.4	8.1
	固原炭山	57.4	31.5	11.1
	同心窑山	56.1	22.3	21.6
西南	华亭汭水河	44.8	41.6	13.6
东北	绥德大理河	24.6	69.2	6.2
	子洲淮宁河	37.2	62.5	0.3
东部	延长延河	40.7	57.4	1.9
	宜川仕望河	42.7	55.9	1.4
东南	韩城薛峰川	39.0	57.2	3.8
	铜川金锁关	50.5	44.5	5.0
南部	旬邑山水河	50.5	43.1	6.4

根据重矿物含量、组合特征及其在平面的展布，可以反映母岩类型及物源方向。重矿物是指碎屑中密度大于 2.86 g/cm³ 的陆源碎屑矿物，在砂岩中的含量一般小于 1%。盆地东北部靖边、安塞一线以东属于榍石＋绿帘石＋石榴子石不稳定组合区，向西南方向，逐渐过渡为安边-五里湾地区石榴子石组合区，新安边-吴起地区锆石＋石榴子石组合区；盆地西北部的汝箕沟-石沟驿地区为绿帘石＋石榴子石组合区；盆地西部环县以西地区为石榴子石＋锆石组合区；盆地西南部策底坡剖面以锆石＋石榴子石组合为主，向西南至镇原、西峰地区，稳定重矿物锆石、金红石、电气石含量逐渐增加，至庆阳、城壕、华池地区，锆石含量可达 60%以上，重矿物为锆石＋金红石＋电气石组合；盆地南部地区重矿物组合特征表现为石榴子石＋锆石，向北至长武、正宁地区，锆石、电气石含量逐渐增加，重矿物为锆石＋电气石组合。

2.3.2　岩相古地理特征与演化

依据鄂尔多斯盆地钻井岩芯和露头剖面等资料，分析延长组 10 个油层组岩相古地理特征及其演化规律。

长 10 期，在湖盆的东西两岸发育两大三角洲裙，东北部发育辫状河和曲流河，西南部主要发育辫状河，沿湖岸线均广泛发育三角洲。此时主要以加积作用为主，局部起填平补齐作用(图 2-13)。

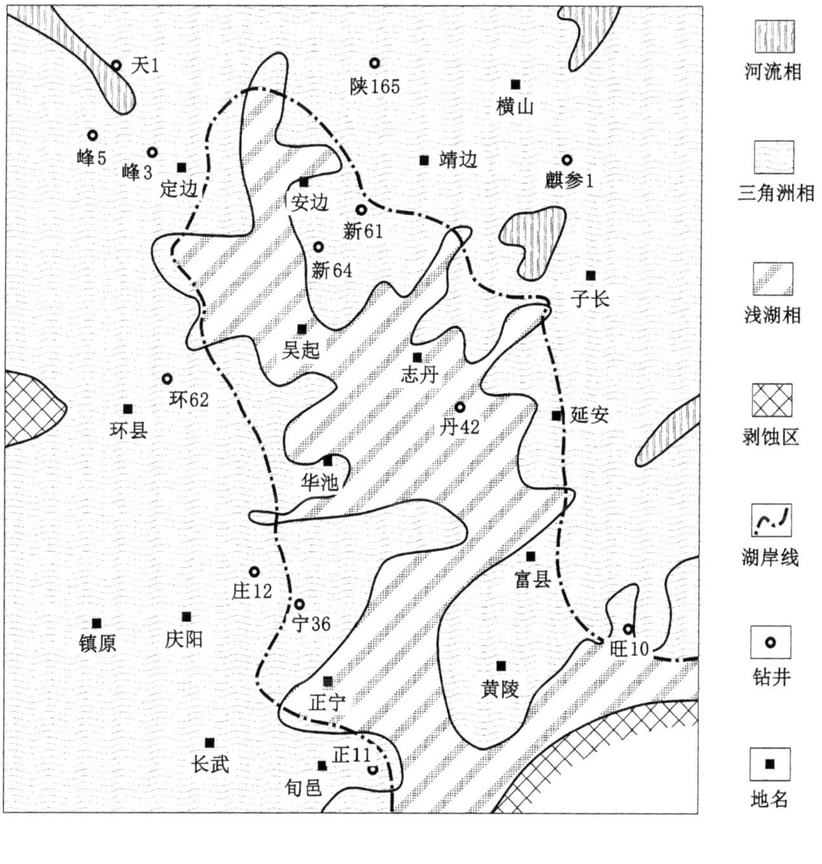

图 2-13　鄂尔多斯盆地长 10 期岩相地理图

长 9 期，在湖盆东部地区发育一套生油岩系，俗称“李家畔页岩”，湖盆西侧三角洲进积明显。该时期在志丹-华池-延安-富县一带出现半深湖，沉积体系突出特点表现为西部三角洲前缘发育，北部三角洲平原发育(图 2-14)。

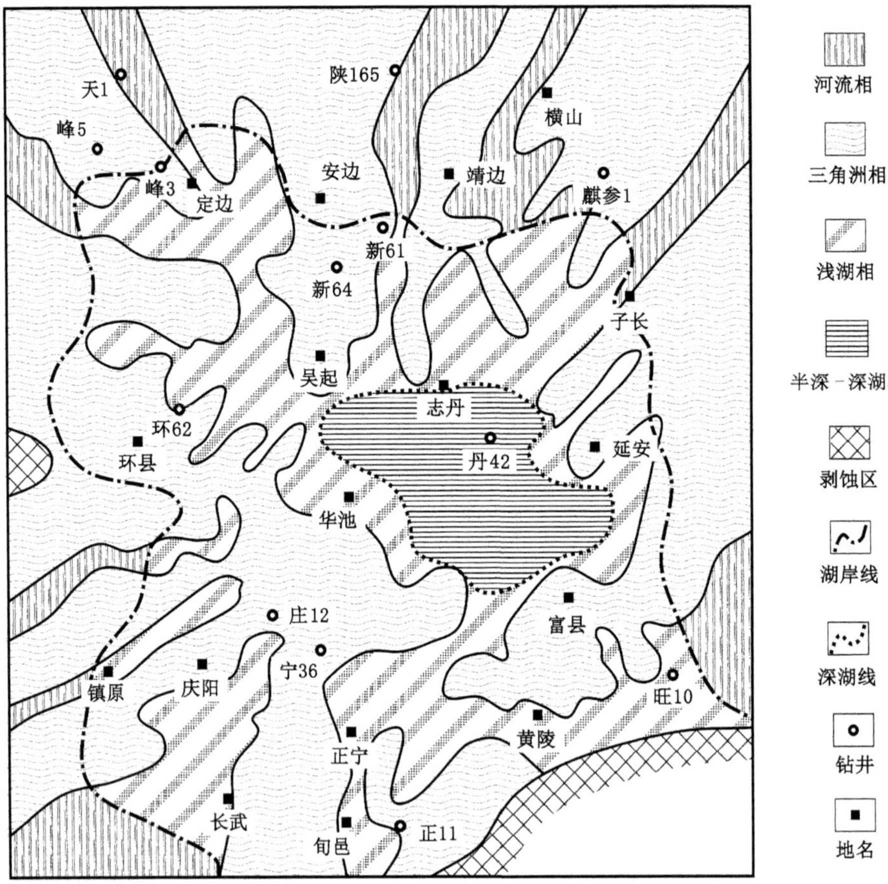

图 2-14　鄂尔多斯盆地长 9 期岩相地理图

长 8 期，湖盆周围三角洲广泛发育，西南岸以镇原-庆阳辫状河三角洲的规模最大，西北部、东部和东北部三角洲发育规模与长 9 期相当(图 2-15)。

长 7 期，此时湖盆发育达到鼎盛，湖盆西岸以浊积岩为主，庆阳-合水地区的浊积扇连成一片，规模达到最大。定边地区以及东部的各个三角洲规模比长 8 期均有所减小。此时，在湖盆内广泛形成“张家滩页岩”，尤其在南部地区，油页岩可厚达 30 余米，为延长组最重要的生油层系(图 2-16)。

长 6 期，湖盆面貌发生显著变化，深湖区面积大大减小，三角洲沉积体系极为发育。湖盆西岸发育有环县辫状河三角洲、镇原辫状河三角洲和合水三角洲，东北部、东部的物源大量增加，靖边-子长地区沉积作用增强。该时期是湖泊三角洲的主要建设期，周边各种三角洲迅速发展，整个湖盆逐渐收缩(图 2-17)。

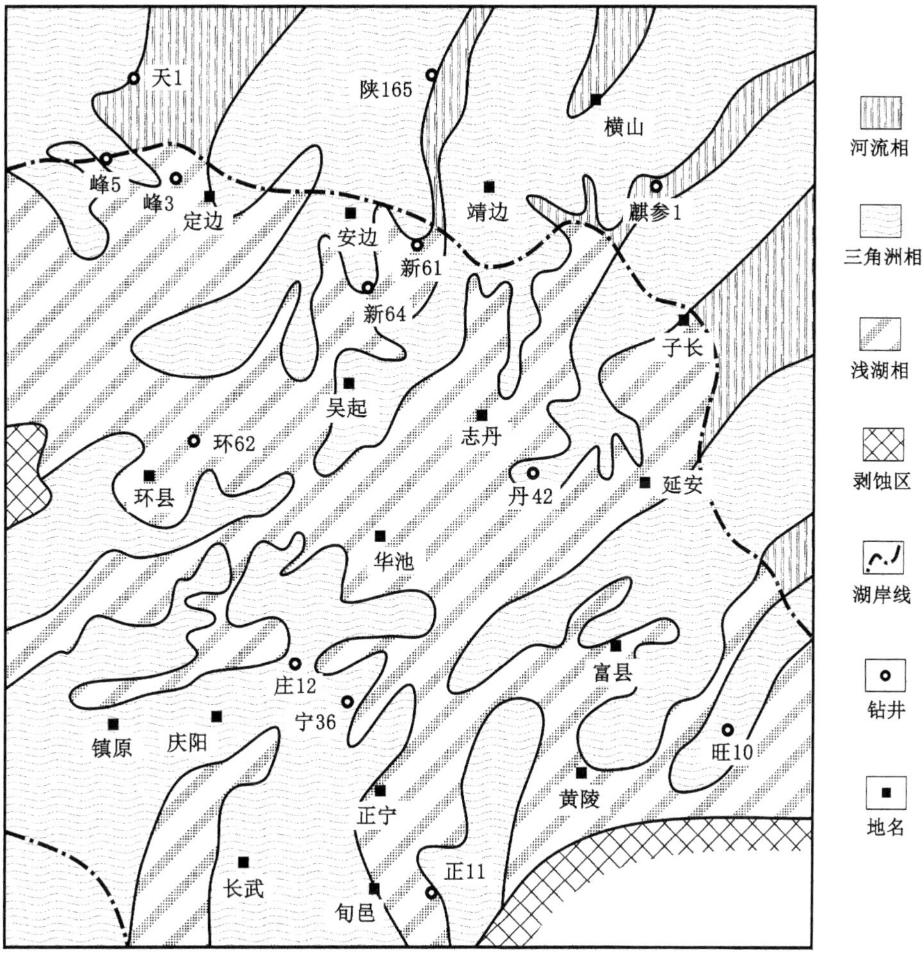

图 2-15　鄂尔多斯盆地长 8 期岩相地理图

长 4＋5 期，由于碎屑供应有限，在浅湖区形成的三角洲前缘不如长 6 期发育，浅湖泥质沉积发育，三角洲建设进程减慢。长 6 期形成的许多大型三角洲已发生平原化和沼泽化，在三角洲前缘砂体上沉积了大面积的漫滩沼泽相泥岩，成为良好的区域性盖层(图 2-18)。

长 3 期，沉降速率小于沉积速率，三角洲逐步内迁扩大，此时的沉积作用再次加强，开始了又一次全区范围内的三角洲建设。各个三角洲均向湖中心明显推进，湖盆水体大规模收缩，深湖亚相范围已经很小(图 2-19)。

长 2 期，湖盆持续收缩，长 3 期小范围的半深湖-深湖亚相不复存在，浅湖区也发生收缩，统一的湖盆局面接近瓦解。此时的沉积与长 3 期相似，只是进一步地平原化、沼泽化。河流或平原分流河道发育是这一时期的重要特征(图 2-20)。

长 1 期，在盆地东部的横山和子长部分地区分布湖相浊积岩，代表着深湖相在该区发育；盆地西部定边附近发育浅湖相沉积；盆地南部的湖泊沉积主要发育在正宁-铜川

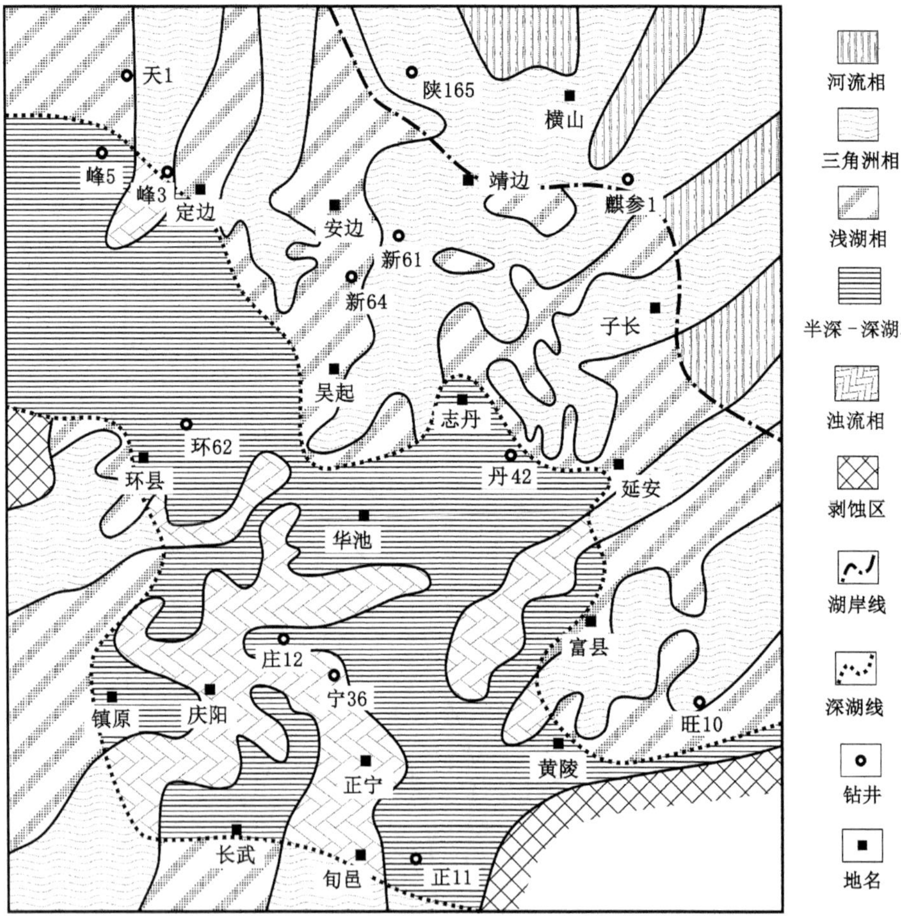

图 2-16　鄂尔多斯盆地长 7 期岩相地理图

一带，后期剥蚀严重。因而，南部地区由于地形平缓，多发育河流相和三角洲相沉积（图 2-21）。

2.3.3　岩性组合与地层划分

鄂尔多斯盆地上三叠统延长组是中国出露最好的陆相三叠纪地层（李文厚等，2001），是内陆湖盆形成后的第一套生储油岩系，也是目前鄂尔多斯盆地最重要的致密油勘探开发目的层系。

在晚三叠世时期，鄂尔多斯盆地为一个大型平缓的内陆湖盆，在湖盆演化过程中，延长组发育了一套湖进至湖退的沉积层系（杨华等，2009，2012）。根据岩性组合、沉积构造、生物组合、测井曲线特征以及生、储、盖组合特点，延长组自下而上可划分为五段 10 个油层组（表 2-2）。

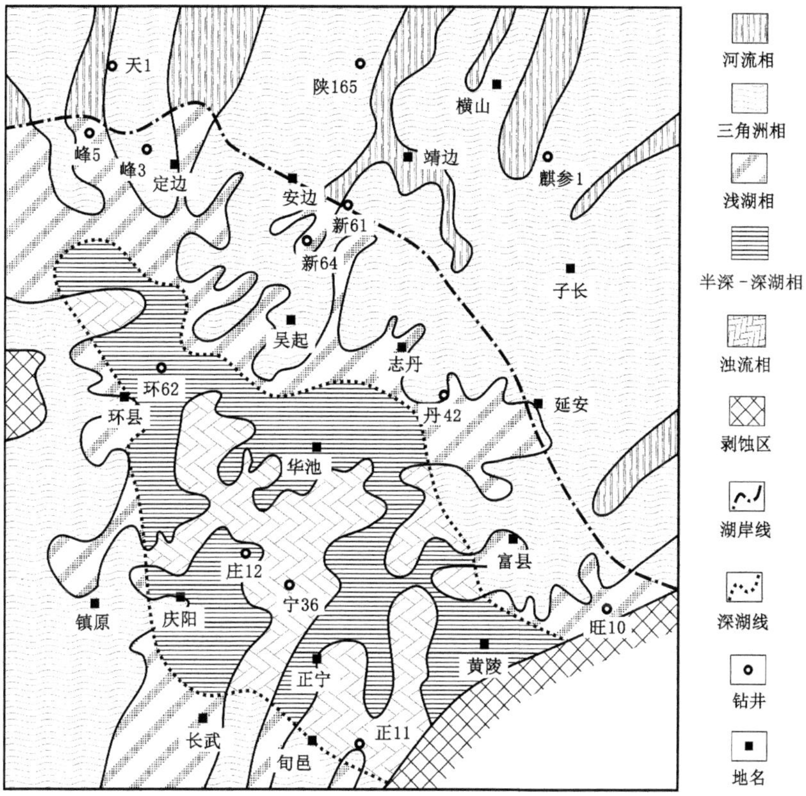

图 2-17　鄂尔多斯盆地长 6 期岩相地理图

表 2-2　鄂尔多斯盆地延长组地层特征划分(据杨华等,2009,修改)

系	统	组	段	油层组	厚度/m	岩性特征
侏罗系	下统	富县组			0-150	厚层块状砂砾岩夹紫红色泥岩或者两者呈相变关系
三叠系	上统	延长组	第五段	长 1	70-90	灰绿色泥岩夹粉-细砂岩,炭质页岩夹煤层
			第四段	长 2	125-140	灰色、浅灰色中-细砂岩夹灰色、暗色泥岩
				长 3	120-135	浅灰色、灰褐色细砂岩夹暗色泥岩
			第三段	长 4+5	90-100	上部为暗色泥岩、细砂岩、炭质泥岩和煤线夹薄层粉-细砂岩; 下部为浅灰色粉-细砂岩与暗色泥岩互层
				长 6	80-110	上部为灰绿色、浅灰绿色粉-细砂岩夹暗色泥岩; 下部为灰黑色泥岩、泥质粉砂岩、粉-细砂岩互层夹薄层凝灰岩
				长 7	80-100	暗色泥岩、油页岩夹薄层粉-细砂岩
			第二段	长 8	70-85	暗色泥岩、砂质泥岩夹灰色粉-细砂岩
				长 9	90-120	暗色泥岩、页岩夹灰色粉-细砂岩
			第一段	长 10	250-350	肉红色、灰绿色长石砂岩夹砂质泥岩
	中统	纸坊组			300-350	上部灰绿色、棕紫色泥质岩夹砂岩; 下部为灰绿色砂岩、砂砾岩

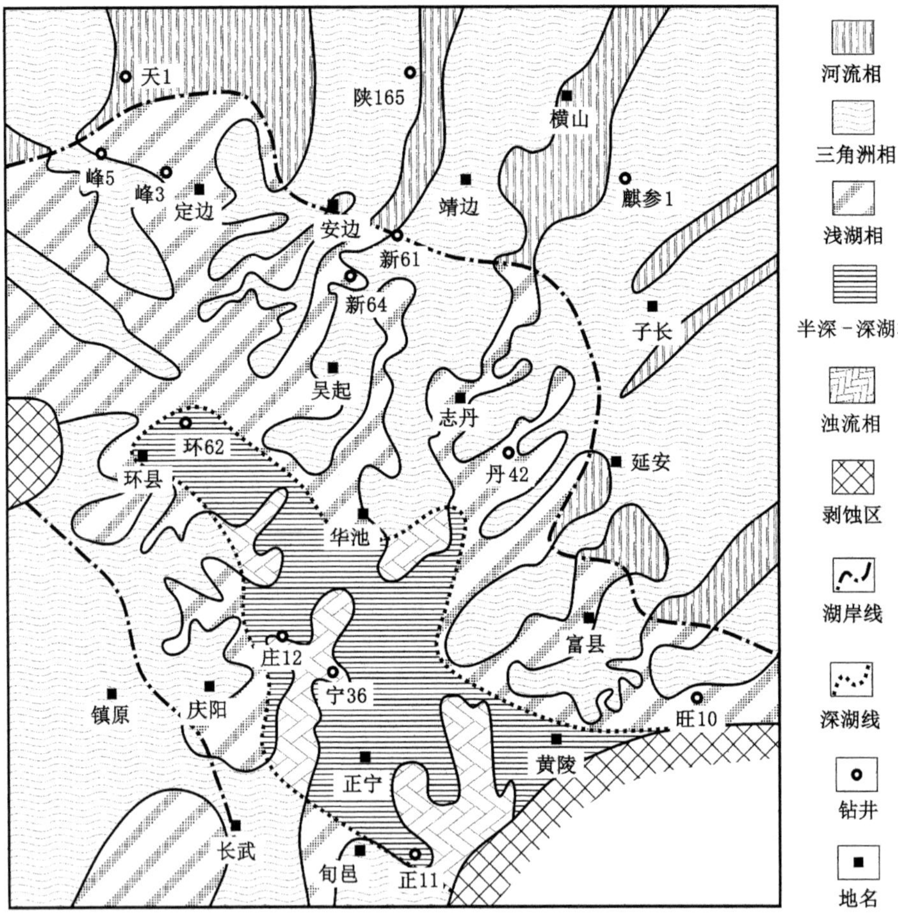

图 2-18　鄂尔多斯盆地长 4+5 期岩相地理图

第一段(T_3y^1):长石砂岩段,相当于长 10 油层组,主要为一套肉红色、灰绿色的长石砂岩夹暗紫色砂质泥岩、泥质粉砂岩和粉砂岩。砂体形态多呈现为透镜状,发育大型槽状、板状交错层理,基底冲刷面起伏明显。该段地层厚度稳定,自北向南粒度逐渐变细,厚度由薄变厚。电性特征清晰,自然电位偏负,视电阻率曲线一般呈现高阻。

第二段(T_3y^2):油页岩段,包括长 9 和长 8 油层组。总体岩性特征表现为深灰色、灰黑色泥岩夹粉-细砂岩或二者薄互层,一般下细上粗,下部泥质含量更高,以泥岩为主,上部以砂岩为主。长 9 油层组是一套广泛湖侵背景下形成的产物,在其上部,除盆地边缘外,在湖盆的南部广泛发育黑色页岩、油页岩,常称为"李家畔页岩",厚为 20~40 m,这套页岩稳定分布,并常表现为高自然伽马、高电阻率,是井下地层对比的重要标志。长 8 为湖退背景下的三角洲沉积,粒度相对较粗,为灰白色、灰色中-细砂岩,含油性较好。

第三段(T_3y^3):含油段,包括长 7、长 6 和长 4+5 油层组。总体岩性特征为深灰色、灰黑色泥页岩与灰色、灰绿色粉-细砂岩互层。长 7 油层组主要以泥岩、页岩和粉-细砂岩为

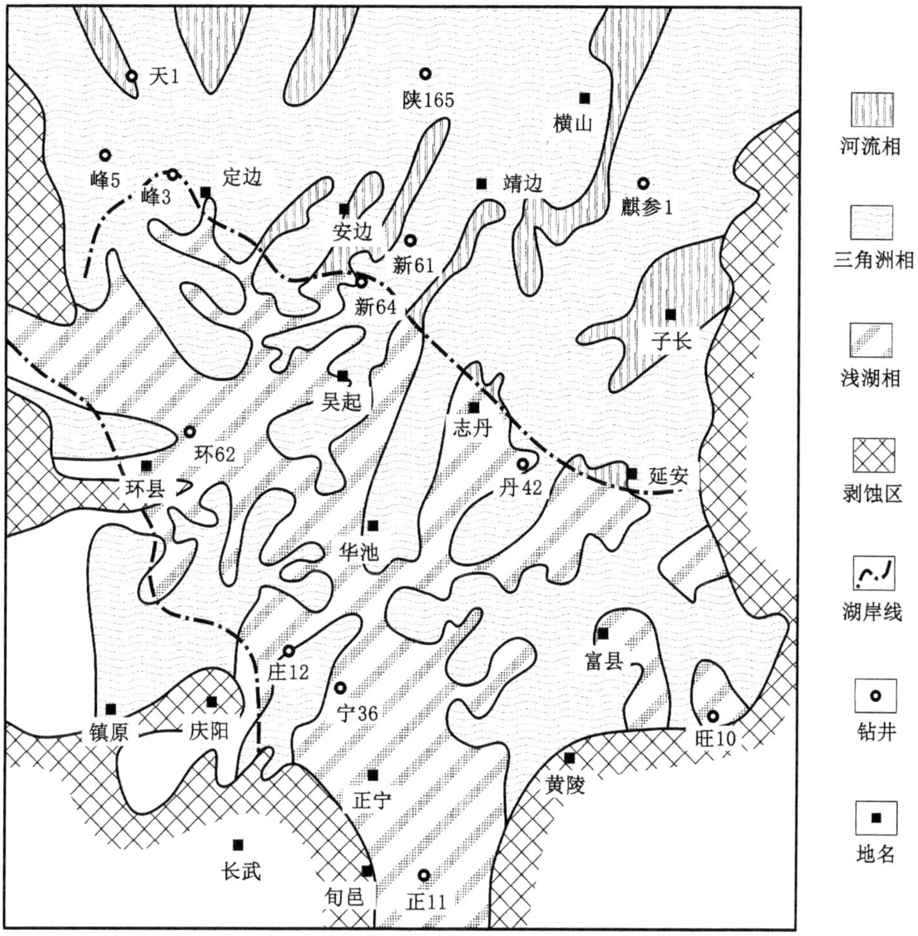

图 2-19　鄂尔多斯盆地长 3 期岩相地理图

主,形成于湖盆发育的鼎盛时期,其下部发育有鄂尔多斯盆地重要的生油岩,俗称“张家滩页岩”,在湖盆范围内广泛分布,测井曲线上表现为高电阻、高自然伽马、高声波时差和低自然电位。长 6 油层组主要为一套灰绿色中-细砂岩沉积,是延长组主要的储油层段。长 4+5 油层组总体由泥岩、粉砂岩组成,其上部含有炭质泥岩和煤线(表 2-2)。

第四段(T_3y^4):块状砂岩段,由长 3 和长 2 油层组构成。长 3 油层组主要为灰白色、灰色长石石英细砂岩,夹灰色、灰黑色泥岩,电性特征呈现明显的负自然电位,视电阻率曲线为锯齿状。长 2 油层组岩性比较单一,主要为浅灰色、灰绿色细砂岩夹灰黑色、灰色粉砂质泥岩。

第五段(T_3y^5):瓦窑堡煤系,由长 1 油层组构成。下部为深灰色、黄绿色的泥岩、砂质泥岩与粉-细砂岩互层,上部为深灰色、灰绿色泥岩、灰黑色炭质泥岩夹页岩及煤层。电性特征呈现视电阻率为齿状,自然电位总体平直,是长 2 油层组的区域性盖层。

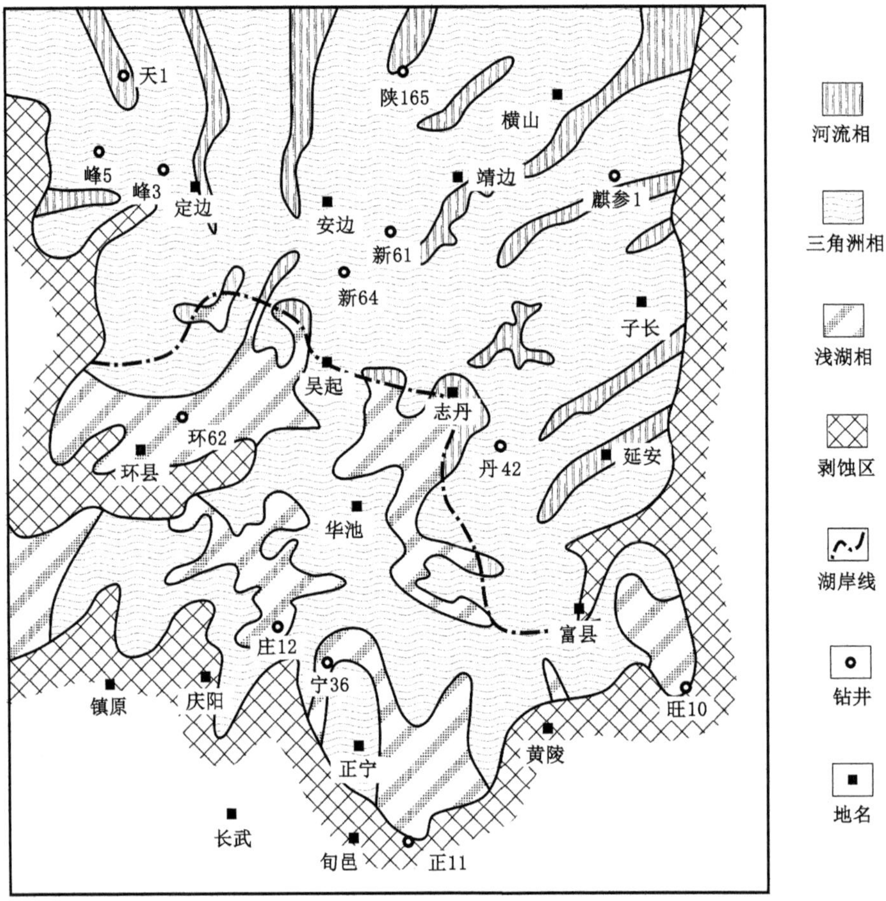

图 2-20　鄂尔多斯盆地长 2 期岩相地理图

2.4　鄂尔多斯盆地延长组致密油特征

综合前期研究，鄂尔多斯盆地致密油主要表现为以下特征（付金华，2018）：

① 形成于半深湖-深湖的沉积环境，发育广覆式分布的优质烃源岩和大面积分布的厚层砂岩。

富有机质泥页岩广覆式分布是形成连续性致密油藏的基础（付金华等，2015）。鄂尔多斯盆地延长组长 7 沉积期属内陆拗陷湖盆，泥页岩分布面积约为 5×10^4 km^2，有机质母源以湖生藻类为主（张文正等，2011），有机母质类型主要为腐泥-混合型，镜质组反射率介于0.7%～1.2%，为优质烃源岩且达到热成熟演化阶段（张文正等，2006）。此外，大规模分布的砂岩为致密油提供了重要的储集体（杨华等，2017）。延长组形成于湖泊沉积体系，砂岩大面积复合连片，砂地比大于 30%的面积超过 8 000 km^2，砂体延展约 150 m，宽 25～80 km，厚度较大，单层厚度一般为 5～40 m，局部地区连续砂岩厚度可达数百米（姚泾利等，2013）。

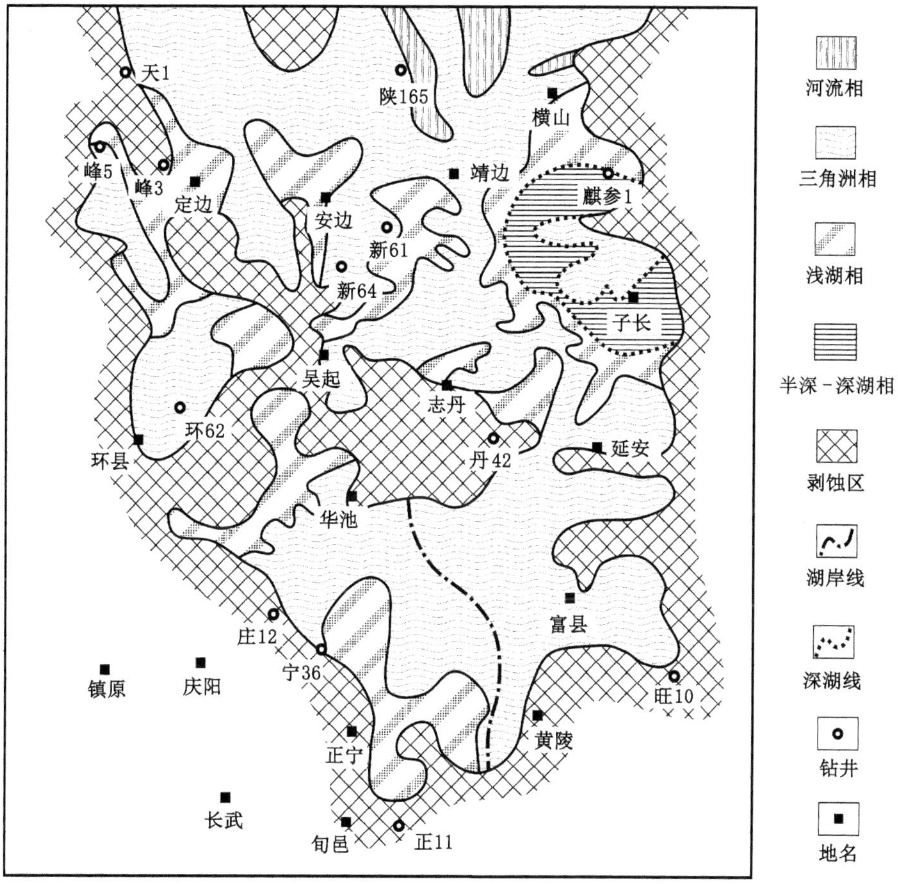

图 2-21　鄂尔多斯盆地长 1 期岩相地理图

② 沉积物粒度细且成岩作用强烈，造成储层非常致密。

鄂尔多斯盆地延长组长 7 段致密砂岩储层的岩石类型主要为岩屑长石砂岩，粒径主体分布于 0.06～0.14 mm，分选性中等-差，结构成熟度较低；孔隙类型主要为长石和岩屑粒内溶孔、胶结物溶孔、残余粒间及填隙物微孔（姚泾利等，2013），孔径变化范围大，呈多孔径孔隙共存的特征（付金华等，2015）。

③ 孔喉结构复杂，物性差。

常规压汞法测定的粉-细砂岩喉道半径 80%以上分布于 0.05～0.20 μm，最大与平均连通喉道半径分别为 0.51 μm 和 0.16 μm。鄂尔多斯盆地延长组长 7 段致密油储层孔隙率平均值为 8.18%，渗透率平均值为 0.076×10^{-3} μm^2。

④ 致密油储层天然裂缝发育。

鄂尔多斯盆地延长组宏观天然裂缝主要为构造裂缝，以高角度剪切裂缝为主，产状稳定，走向以 ENE-WSE 向和 WNW-ESE 向为主（曾联波等，2007；Zeng et al.，2009；鞠玮等，2014a；Ju et al.，2015；刘格云等，2015）。天然裂缝的发育有利于提升致密储层的渗流能力，为致密油聚集提供运移通道，同时增加储集空间，形成致密油富集的“甜点区”。

⑤ 含油饱和度高，原油性质好。

鄂尔多斯盆地延长组长 7 段致密砂岩紧邻烃源岩，石油的充注程度高，含油饱和度可达 70％以上；原油性质好，密度和黏度较低，可流动性强，地层条件下的原油密度为 0.70～0.76 g/cm^3，黏度平均在 1.0 mPa·s 左右。

⑥ 压力系数低。

鄂尔多斯盆地延长组致密油藏普遍为低压，平均压力系数为 0.75～0.85，普遍低于国内外致密油藏压力系数。

第 3 章　现今地应力研究方法

3.1　现今地应力方向研究方法

现今地应力方向可以直接使用各种物理的或地球物理的方法进行测定。目前，可用于测量现今地应力方向的方法很多，如天然地震震源机制解法、钻孔崩落法、钻井诱导缝法、波速各向异性法、跨断层位移测量法、微地震监测法、岩石声发射实验法、地面电位法、黏滞剩磁法以及有限元数值模拟法等（马寅生，2004；周文等，2007；Heidbach et al.，2008，2016a），不同的方法各有其特点和适用环境。

3.1.1　天然地震震源机制解法

现今地应力作用的表现形式之一就是地震，其主要是由于应力集中从而造成断层的错动、位移，因此，依据地震震源的地震波监测，可以直接了解震源处岩层运动特征，进而分析地应力状态。

要测定震源应力场，必须了解地震震源处的受力模型，常用的模型包括单力偶震源模型和双力偶震源模型。单力偶震源模型中，在地震震源处同时受到大小相等、方向相反的一对力偶作用；双力偶震源模型中，在震源处受到相互正交的两对力偶作用，受力结果表现为在对称的两象限出现挤压区，另外的两象限出现拉张区。

地震波传播的 P 波到达接收器时所记录的第一个振幅方向，称为初动方向或初动符号，在地面分布呈现一种特殊图像，反映了震源运动过程及其与断裂的产状、力的作用方式的直接关系。其中，初动向外压的波为压缩波，用负号表示，向外拉的波为膨胀波，用正号表示。按照双力偶点源模式求解震源的基本参数时，可给出 P 轴（压力轴）、T 轴（张力轴）和 N 轴的空间方位。

利用多个地震台记录的大量天然地震 P 波初动符号，可求取地震运动参数（Aki，1966；许忠淮等，1989；谢富仁等，2003a；万永革等，2011；Ju et al.，2017b，2017c），最终获取最大主压应力轴的方位和倾角，此方法即为求解应力场的综合震源机制解法。

基于世界范围内 1976～2017 年 553 个天然强震（Mw≥7.0）震源机制解反演，Ju 等（2017b）分析了全球现今地应力状态，如北美西部地区处于 NNE-SSW 向挤压应力环境（图 3-1）。

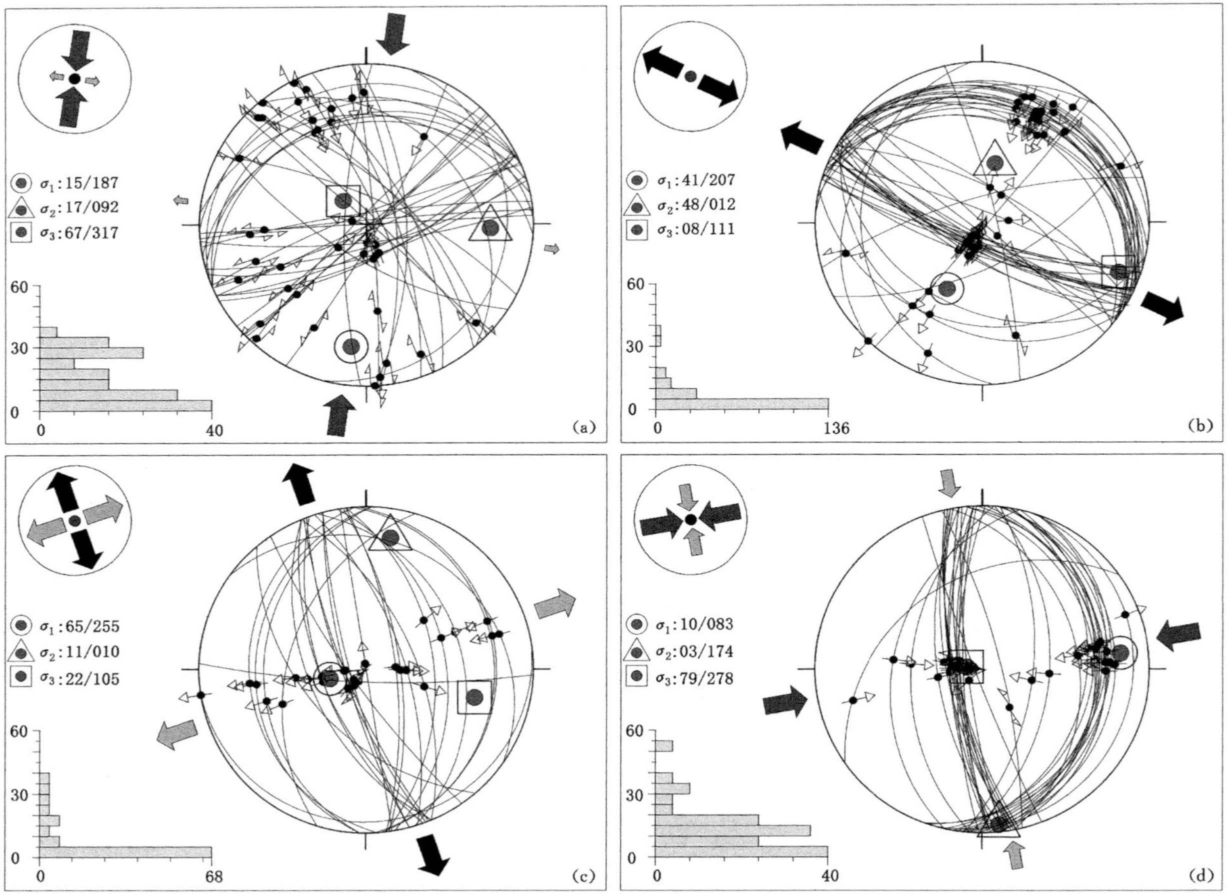

图 3-1　基于强震震源机制解法反演美洲西部不同地区现今应力(据 Ju et al.,2017b,修改)

（a）北美西北部；（b）中北美西部；（c）南美西北部；（d）南美西南部

箭头方向指示现今水平最大和最小主应力方向,灰色为最大主应力轴(σ_1),浅灰色为中间主应力轴(σ_2),黑色为最小主应力轴(σ_3);
左上角插图内中间点的颜色表示应力机制类型,黑色为逆断型应力机制,浅灰色为走滑型应力机制,灰色为正断型应力机制;
震源机制解反演结果表示方法为:圆形为σ_1,三角形为σ_2,正方形为σ_3。

3.1.2　钻孔崩落法

钻井中常见井壁岩石崩落现象，而且在同一钻井不同深度上崩落椭圆横截面的长轴方向往往相同。井壁崩落是由于地壳内存在水平差应力，从而在钻孔壁形成应力集中，当应力差大于地层中岩石的抗压强度时，井眼就会产生崩落（张景和等，2001）。基于室内实验分析这种崩落现象的力学原理，证实了崩落椭圆的长轴方向与水平最小主应力方向平行（Plumb et al.，1985；Hillis et al.，2003；Zoback et al.，2003；周文等，2007；Barth et al.，2008；Schmitt et al.，2012；Williams et al.，2015；Rajabi et al.，2016，2017；Ju et al.，2017a，2018b；图 3-2）。因此，利用成像测井以及井径测井等资料可确定钻孔井壁岩石崩落的方向，进而获取现今地应力场的水平最小主应力方向。

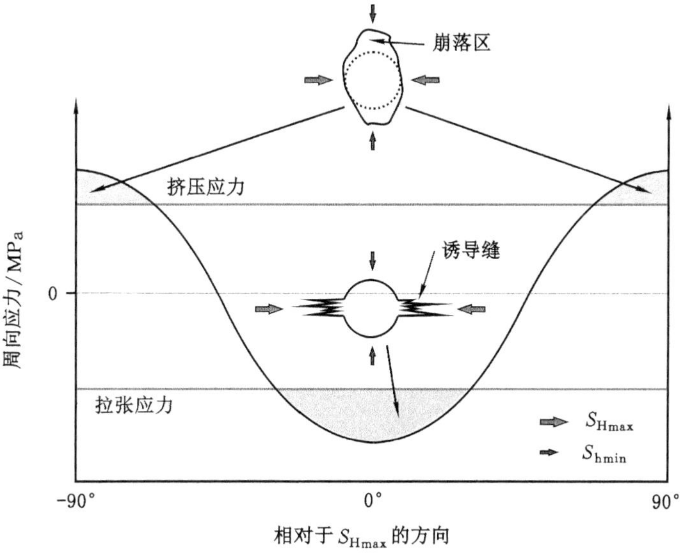

图 3-2　钻孔崩落、诱导缝与现今水平应力之间的关系（据 Hills et al.，2003，修改）

假设在无限大的各向同性弹性体中，井眼看成平面上的一个小孔并受到有效最大和最小主应力约束，从而有下式成立：

$$\begin{cases} \tau_{r\theta} = -\dfrac{1}{2}(\sigma_H^* - \sigma_h^*)\left(1 + \dfrac{2R^2}{r^2} - \dfrac{3R^4}{r^4}\right)\sin 2\theta \\ \sigma_r = \dfrac{1}{2}(\sigma_H^* + \sigma_h^*)\left(1 - \dfrac{R^2}{r^2}\right) + \dfrac{1}{2}(\sigma_H^* - \sigma_h^*)\left(1 - \dfrac{4R^2}{r^2} + \dfrac{3R^4}{r^4}\right)\cos 2\theta + \dfrac{P \cdot R^2}{r^2} \\ \sigma_\theta = \dfrac{1}{2}(\sigma_H^* + \sigma_h^*)\left(1 + \dfrac{R^2}{r^2}\right) - \dfrac{1}{2}(\sigma_H^* - \sigma_h^*)\left(1 + \dfrac{3R^4}{r^4}\right)\cos 2\theta - \dfrac{P \cdot R^2}{r^2} \end{cases} \tag{3-1}$$

式中　σ_r——径向应力；

$\tau_{r\theta}$——剪切应力；

σ_θ——周向应力；

R——井眼半径；

r——计算点与井眼中心的半径；

θ——计算点与最大主应力方向的夹角，逆时针为正；

σ_H^*，σ_h^*——有效水平最大和最小主应力；

P——井内液压。

在 $\theta=\pi/2$ 或 $3\pi/2$ 时，岩石受力超过其弹性极限强度，造成崩落。在钻井液的不断冲刷下会使该两处井径扩大，明显偏离原始井眼尺寸，形成椭圆井眼，其长轴方向与水平最小主应力方向平行。

由于钻孔崩落现象的发生，导致成像测井仪器与井壁接触不好，在对应极板的方位上得不到聚焦图像，因此，在成像测井图上，钻孔崩落表现为两条较宽且呈 180°或接近 180°对称分布的暗色或黑色垂直条带或斑块，暗色区域内的地质特征不清楚，边界模糊（图 3-3）。

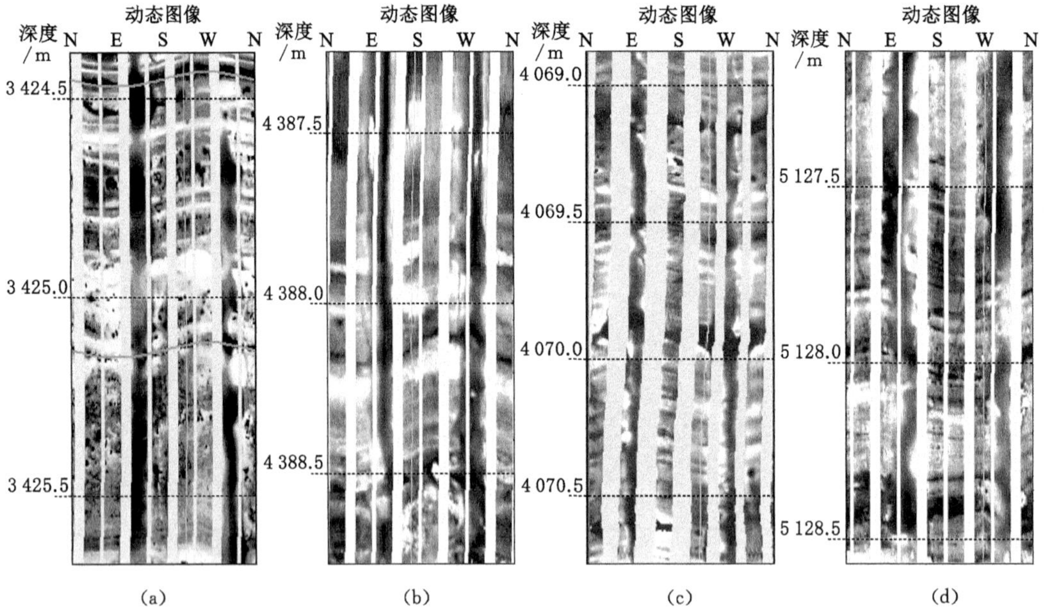

图 3-3　成像测井显示的钻孔崩落现象（据 Ju et al.，2018b）

（图中深度方向的暗色条带即为钻孔崩落，其所在方位指示水平最小主应力的方向）

3.1.3　钻井诱导缝法

在钻井过程中，钻井液重力与井孔压力之差可诱导井壁破裂，形成钻井诱导缝，其仅在井壁附近局部贯穿，且破裂轨迹与天然裂缝存在差异（Aadnoy et al.，1998；Zoback et al.，2003；Schmitt et al.，2012）。钻井诱导缝的形成受钻井液相对密度、地应力状态以及岩石力学性质等多因素控制（宋惠珍等，2001），在测井响应方面具有以下特点：

① 诱导缝扩展范围小，不能贯穿整个井孔，径向延伸短。

② 在成像测井图上，诱导缝接近垂直，呈两条黑色细线条，以 180°或接近 180°对称分布，延伸较长，且方位基本稳定，线条的宽窄可有微小变化，但无天然裂缝那种溶蚀现象[图 3-4(a)和(b)]；另外一种常见诱导缝的表现形式为雁列式排列的两组裂缝带，裂缝带呈 180°或接近 180°对称分布[图 3-4(c)和(d)]。

③ 在双侧向测井曲线上出现较规则的正差异“双轨”现象，电导率高。

一般而言，钻井诱导缝的方位指示水平最大主应力的方向（Aadnoy et al.，1998；Hillis

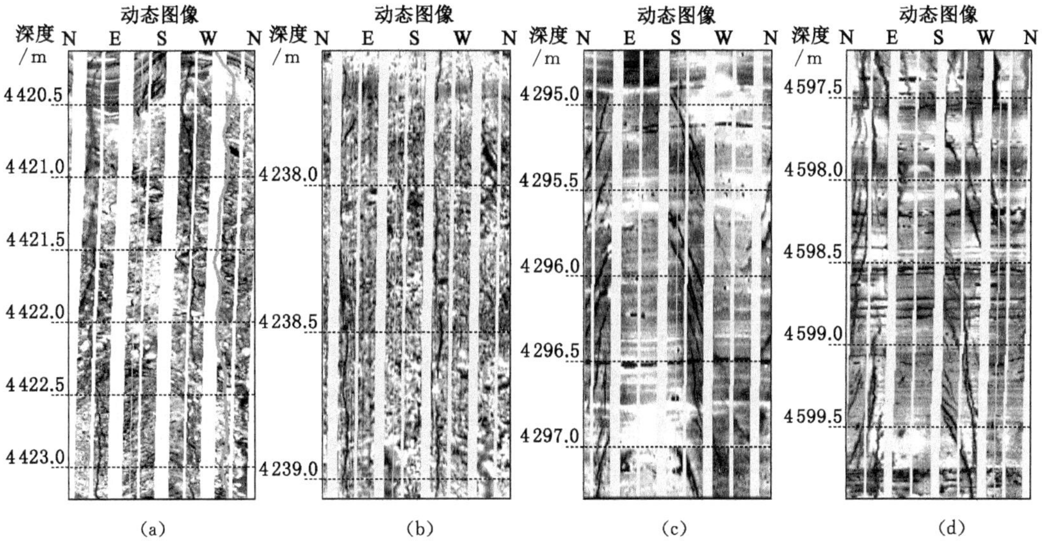

图 3-4　成像测井显示的钻孔诱导缝现象(据 Ju et al.,2018b)

(a)、(b) 显示为两条黑色细线条;(c)、(d) 显示为两组雁列式排列的裂缝带

et al.,2003;Zoback et al.,2003;Barth et al.,2008;Williams et al.,2015;Rajabi et al.,2016,2017;Ju et al.,2018b;图 3-2)。

3.1.4　波速各向异性法

地层中的岩石处于三向应力作用状态,由于应力不均衡的影响,地层弹性性质在不同方向上会产生差异,即各向异性是地层固有属性。在钻井取芯时,岩芯会脱离原来的应力状态,自身将产生应力释放。在应力释放过程中,岩石会形成许多微小的裂缝,微裂缝的发育程度与地应力大小和方向具有内在成因关系。

应力释放使岩石中微裂缝沿垂直最大主应力方向优势分布,其内被空气充填,而岩石与空气波阻值相差很大,因此,岩芯中优势微裂缝的存在使得声波在岩芯的不同方向上传播的速度不同,且存在明显的各向异性。岩石在最大主应力方向上的声波传播速度最小,而在所受应力最小的方向上,声波传播速度最大,据此原理可获取地应力方向,即波速最小方向即为最大主应力方向。

利用上述原理可获取不同方向声波传播速度,速度最小方向即为最大主应力方向(周文等,2007)。如川丰 563 井,波速最大与最小间的方向相差接近 90°,且波速存在明显差值,据此,最大主应力方向为 NE(78°)-SW,最小主应力方向为 NW-SE(168°)(图 3-5)。

3.1.5　黏滞剩磁法

地球的内部及其周围空间中客观存在着地磁场,为便利研究,建立与地球地理位置相关的三维直角坐标系:水平 X 轴指向地理正北,水平 Y 轴指向地理正东,Z 轴垂直向下;某点的地磁场强度 F 可在上述坐标系中分解为三个轴向分量 X、Y、Z 和水平面的分量 H(磁子午线),H 与 X 之间的夹角 D 称为磁偏角,F 与 H 之间的夹角 I 称为磁倾角。F、H、X、Y、Z、D、I 称为地磁要素,可用于具体地描述地磁场特征。地磁要素之间存在如下关系:

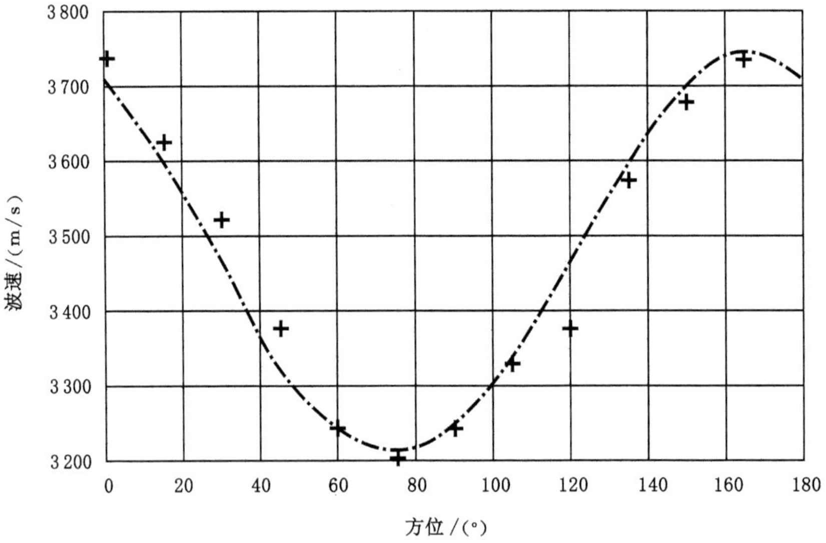

图 3-5　川丰 563 井波速各向异性测试结果(据周文等,2007)

$$\begin{cases} F=\sqrt{H^2+Z^2}=\sqrt{X^2+Y^2+Z^2} \\ Z=F\sin I=H\tan I \\ D=\arctan\dfrac{Y}{X}=\arcsin\dfrac{Y}{H}=\arccos\dfrac{X}{H} \\ I=\arctan\dfrac{Z}{H}=\arcsin\dfrac{Z}{F}=\arccos\dfrac{H}{F} \end{cases} \tag{3-2}$$

自 7.3 万年以来,地球形成了稳定的磁场方向,此时的平均磁北极和地理北极一致。岩石中一部分磁性矿物的衰减期小于 7.3 万年,这些颗粒的磁化强度将重新定向于稳定的地球磁场方向,即岩石获得了黏滞剩磁。标准的黏滞剩磁定向过程是以一定温度(40 ℃或 50 ℃)为步长在 100 ℃～300 ℃之间进行分段热退磁,将退磁数据记录在正交矢量投影图上,即能确定水平(磁偏角)和垂直(磁倾角)的磁分量,进而依据磁倾角确定黏滞剩磁分量。

采用黏滞剩磁法需要的岩芯资料是测点纬度、岩芯向上的方向以及井斜角和井斜方位角。利用岩芯样品测定磁性矿物中记录其形成时的黏滞剩磁特征,确定岩石中的最大主应力方向与黏滞剩磁方向之间的关系,从而得到水平最大主应力与地理北极的夹角。

3.1.6　岩石声发射实验法

材料受到外载荷作用时会增生裂纹,其内贮存的应变能快速释放产生弹性波,发出声响,称为声发射(Acoustic Emission,AE)。Kaiser 首次发现多晶金属具有声发射特性,称为“Kaiser 效应”。Goodman(1963)首先对岩石材料的 Kaiser 效应进行研究,后来人们通过大量的岩石试验证明,岩石具有一定的 Kaiser 效应。所谓 Kaiser 效应,是指材料在重复加载过程中,如果没有超过先前的最大应力,则很少有声发射产生,只有当加载应力达到或超过先前所施加的最大应力后,才会产生大量声发射,声发射对材料载荷历史的最大载荷值具有“记忆”能力(蔡美峰等,1995;陈勉等,1998;姜永东等,2005)。

当岩石受力变形时，岩石中先存或新产生的裂缝周围会产生应力集中，应变能较高。当外部载荷增加到一定大小时，在发育裂缝的缺陷地区发生微观屈服或变形，裂缝扩展，从而使应力松弛，储藏的一部分能量将以弹性波的形式释放出来。通过接收这种释放的弹性波，结合加载资料，进行地应力大小和方向分析。

由于岩石在地下受三轴应力作用，因此需要在不同方向取芯进行实验。一般在室内对取自现场的岩芯进行重新取芯时，至少需要取一个垂直方向、三个水平方向（相隔 45°）的岩样（图 3-6），按下列公式确定地应力方位：

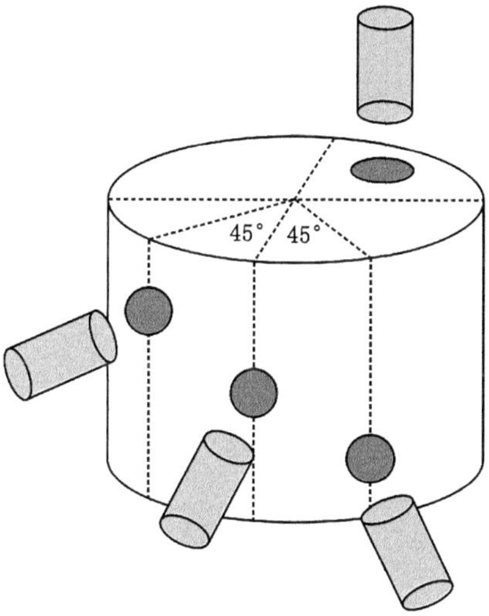

图 3-6　声发射实验取芯方式示意图

$$\tan 2\alpha = \frac{\sigma_0 + \sigma_{90} - 2\sigma_{45}}{\sigma_0 - \sigma_{90}} \tag{3-3}$$

此时，2α 应满足：

$$\frac{(\sigma_0 - \sigma_{45})\sec 2\alpha}{1 - \cos 2\theta + \sin 2\theta \cdot \tan 2\alpha} \gg 0 \tag{3-4}$$

式中　$\sigma_0, \sigma_{45}, \sigma_{90}$——0°、45°和 90°三个水平方向的岩芯 Kaiser 点应力；

α——水平最大主应力的方位角；

θ——σ_0 与 σ_{45} 的夹角。

3.1.7　微地震监测法

当井眼压力足够高时，钻孔井壁会被劈开并形成裂缝，此过程即为水力压裂（Hydraulic Fracture）。水力压裂裂缝形成时，部分释放的能量会以地震波的形式在地层中传播，剪切破裂产生微震横波，张性破裂产生微震纵波，纵波在非法向方向传播过程中又将产生转换横波。尽管在不同界面地震波的传播能量会有损失，但在地面或邻井井中套管上仍能接收到微弱的地震波信号，根据这些地震波信号可以确定震源点的位置，从而确定水力压裂裂缝的形态。水力压裂裂缝总是沿着最有利的方向扩展，因此，其延伸方向即为水平最大主应力方向（图 3-7）。

目前，微地震测量分为井下和地面两种方式，包括井中微地震测量系统和地面地震波裂

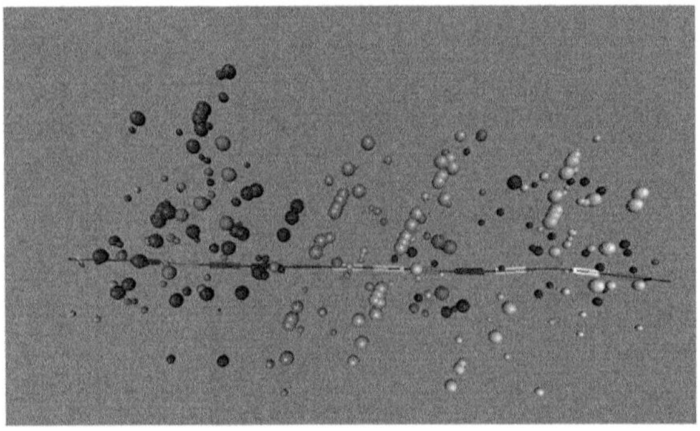

图 3-7　基于微地震监测分析压裂裂缝扩展与地应力方向示意图

缝测量系统。井中微地震测量系统一般采用井中检波器观测到的地震波走时(初至波时间)信息,运用下列公式,确定震源点位置,即走时定位法:

$$\sqrt{(x_i - x_0)^2 + (y_i - y_0)^2 + (z_i - z_0)^2} = v_0(t_{pi} - t_{si}) \tag{3-5}$$

$$v_0 = \frac{v_p \cdot v_s}{v_p - v_s} \tag{3-6}$$

式中　v_0——视速度;

x_i, y_i——观测点坐标;

x_0, y_0——破裂点坐标;

v_p——P 波速度;

v_s——S 波速度。

这种震源定位方法需要信号的信噪比高,能准确地提取微地震信号初至时间。原理上,地面微地震监测也可以采用此方法进行震源定位,但是地面监测到明显的微地震信号数量少、信号弱、受干扰严重,所以,此方法并不适用于地面微地震的监测。

地震发射层析成像法是适用于地面微地震监测信号震源定位的方法,该方法在监测目标区域上方的地面埋置检波器阵列,将成像目标区域做网格划分,根据地层速度模型计算出每个网格到地面各站点的理论走时,再根据地面接收到的信号计算每个网格的成像值。

3.1.8　差应变法

差应变法是一种通过实验室测试确定地应力方向和大小的方法,其测量原理是:采集井下无天然裂缝的岩芯,由于井下岩样处于三轴应力作用,岩芯取出时脱离原来的应力环境而产生弹性应力释放,进而引起岩石中产生"卸载"微裂缝张开,与此同时,在不同方向上产生与卸载程度成比例的应变。在实验室重新进行三轴围压加载时,不同方向的应变恢复会有所区别,具有最大应变值的方向是岩芯早先受到最大主应力作用的方向。通过测试模拟地层条件下岩芯各个方向的应变差,即可获取此岩芯在地层中所受的应力状态(李志明等,1997;周文等,2007;沈海超等,2008)。

实验室测试时,岩芯至少要加工成有 3 个彼此正交的平面,并且平行于岩芯的轴向,每个平面上至少要贴 3 片应变片,其中两片与棱平行,第三个应变片位于前两个应变片的角平分线上,与前两个应变片的夹角均为 45°(图 3-8)。岩芯密封后,放入围压室,每个围压值下的应变测试可以获得 9 个应变值,由此可计算出描述此时应变状态的 6 个应变分量(韩军和

等,2005),即:

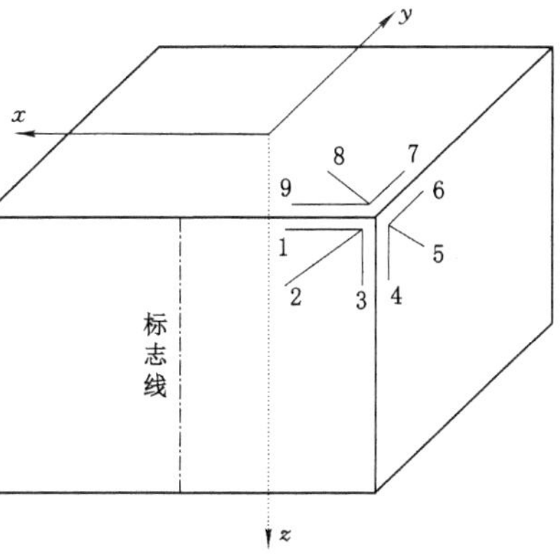

图 3-8　差应变法的试样及应变片位置分布图

$$
\begin{cases}
\varepsilon_x = \dfrac{\varepsilon_1 + \varepsilon_9}{2} \\
\varepsilon_y = \dfrac{\varepsilon_6 + \varepsilon_7}{2} \\
\varepsilon_z = \dfrac{\varepsilon_3 + \varepsilon_4}{2} \\
\varepsilon_{xy} = 2\varepsilon_8 - \varepsilon_7 - \varepsilon_9 \\
\varepsilon_{yz} = 2\varepsilon_5 - \varepsilon_4 - \varepsilon_6 \\
\varepsilon_{zx} = 2\varepsilon_2 - \varepsilon_1 - \varepsilon_3
\end{cases}
\tag{3-7}
$$

需要说明的是,为确定地下岩层地应力方向,需要对岩芯进行定向,目前常用的方法是古地磁定向法。图 3-8 中的"标志线"是指人为标在非定向岩芯上沿轴向的一条线,通过古地磁定向实验得到标志线相对于地理北极的方位,而通过差应变分析可获取水平最大主应力方向相对于标志线的方位,二者相结合,即可确定实际地应力方位。

3.1.9　地面电位法

地面电位法是在钻孔中人为造就一个点电源场,通过在地面观测电场分布并分析地应力方向。因为水的电阻率小于岩石,在水力压裂过程中,水被压进破裂面内,形成一个具有低电阻率的含水破裂带。压裂前后,在地面观测到的电位分布将有明显变化,电位降低最大的方向是破裂面延伸方向,水力压裂裂缝的延伸方向即为水平最大主应力方向。

地面电位法包括两种实施方式:

第一种是将一供电电极埋设在远离测量钻孔的地方,其距离应远到可视钻孔中的人工电场为点电源场。测量电极固定在井口套管上,另一流动测量电极布置在以井口为中心的等半径圆周上,以测量压裂前后不同方位的电位差。

第二种是沿同一径向布置两个电极,环绕钻孔布置若干组,测量压裂前后不同方位的电位梯度变化,电位梯度降低最多的方位即为水力压裂裂缝方位,该方法可称为电位梯度法。由于该方法可设置固定的观测电极,避免了电极与地面之间接触条件变化造成的观测误差,也可以连续记录压裂过程中不同方位的电位梯度变化,观测效果较好。

3.1.10 测井资料法

① 偶极声波测井，全称为正交偶极子阵列声波测井，是针对岩石力学等问题重点开发的新测井技术，可较准确地提取岩石的纵波、横波和斯通利波，具有定向探测功能，井眼周围横波能量差是指示地层各向异性的重要参数，使得分析地应力成为可能。

横波在水平应力不均衡或裂缝地层中传播时会被分解为 2 个方向：一个沿水平最大主应力方向或裂缝走向传播，速度较快；另一个沿水平最小主应力方向或垂直裂缝走向传播，速度较慢，即横波分裂现象，亦称为横波双折射现象，前者为快横波，后者为慢横波。也就是说，质点垂直于水平最大主应力方向振动比沿着井轴向上传播的横波速度快，若横波造成的质点振动方向与水平最大主应力方向成一定角度，则入射横波分解成质点平行和垂直于水平最大主应力方向的振动，即沿井轴以不同速度传播的快横波和慢横波。

水平最大主应力方向上的岩石侧向压实程度较高，岩石结构最为致密，横波沿水平最大主应力方向比沿垂直方向传播快。对于裂缝地层，平行于裂缝走向的横波比垂直于裂缝走向的横波传播速度快。因此，在各向异性地层中，快横波方向对应于水平最大主应力的方向（刘之的等，2005；王晓杰等，2008），而在裂缝地层中，快横波方位指示裂缝走向。

通过对偶极声波测井中横波数据进行各向异性处理分析，统计出研究层段的快横波方位角，即为该地层现今水平最大地应力方向。

② 地层倾角测井，其用于确定现今最大主应力方位的原理主要是利用六臂地层倾角测井，可得到三条交角为 120°的井径，结合一号极板的方位角，可定量统计出椭圆井眼长轴方位的分布，进而确定出最大主应力方位。

3.2 地应力方向可信度评价体系

为分析所确定地应力方向的可信度，“世界应力图计划”为其制定了一套评价体系（表 3-1；Sperner et al.，2003；Heidbach et al.，2010，2016a），以便对比不同方法确定出的地应力方向。

3.3 地应力大小研究方法

目前，常用于分析地应力大小的方法包括：水压致裂法、岩石声发射实验法、测井资料估算法、钻孔崩落法等（蔡美峰等，1995；李志明等，1997；Zoback et al.，2003；周文等，2007；Kang et al.，2010；Brooke-Barnett et al.，2015；Rajabi et al.，2016；Ju et al.，2017a，2018a，2019）。

3.3.1 水压致裂法

利用压裂施工资料开展地应力研究是最直接、可靠的方法之一，其结果往往是检验其他方法精度的标准。基于水压致裂法测量地应力时需要满足以下基本假设（李志明等，1997）：

① 测量段岩石是均质各向同性的线弹性体，有很低的渗透性。

② 压裂模型可以简化为一个无限大岩石平板中有一个圆孔，圆孔孔轴与垂向主应力平行，在平板内作用着两个水平主应力。

③ 压裂的初裂缝面是直立、平行于孔轴的。

表 3-1　地应力方向可信度评价体系(据 Heidbach et al.,2010 修改)

标志类型		A	B	C	D	E
		S_{Hmax}正确率≤±15°	S_{Hmax}正确率为±15°～20°	S_{Hmax}正确率为±20°～25°	S_{Hmax}正确率为±25°～40°	S_{Hmax}正确率>±40°
震源机制解	标准反演	·≥15 个地震事件 ·标准差≤12°	·≥8 个地震事件 ·标准差≤20°	—	—	—
	单一事件	—	—	震级≥2.5	震级<2.5	P/B/T 轴倾伏角为 25°～40°
	平均	—	—	—	平均 P 轴方向	P/T 轴倾伏角为 40°～50°
钻孔崩落	井径测井	·≥10 处独立崩落点 ·单井组合长度≥300 m ·标准差≤12°	·≥6 处独立崩落点 ·单井组合长度≥100 m ·标准差≤20°	·≥4 处独立崩落点 ·单井组合长度≥30 m ·标准差≤25°	·<4 处独立崩落点 ·单井组合长度<30 m ·标准差≤40°	·无独立崩落点 ·标准差>40°
	成像测井	·≥10 处独立崩落点 ·单井组合长度≥100 m ·标准差≤12°	·≥6 处独立崩落点 ·单井组合长度≥40 m ·标准差≤20°	·≥4 处独立崩落点 ·单井组合长度≥20 m ·标准差≤25°	·<4 处独立崩落点 ·单井组合长度<20 m ·标准差≤40°	·无独立崩落点 ·标准差>40°
诱导裂缝		·≥10 处独立裂缝点 ·单井组合长度≥100 m ·标准差≤12°	·≥6 处独立裂缝点 ·单井组合长度≥40 m ·标准差≤20°	·≥4 处独立裂缝点 ·单井组合长度≥20 m ·标准差≤25°	·<4 处独立裂缝点 ·单井组合长度<20 m ·标准差≤40°	·无独立裂缝点 ·标准差>40°
水力压裂		·单井≥5 条压裂缝 ·埋深≥300 m ·分布深度≥300 m ·标准差≤12°	·单井≥4 条压裂缝 ·埋深≥100 m ·分布深度≥200 m ·标准差≤20°	·单井≥3 条压裂缝 ·埋深≥30 m ·分布深度≥100 m ·标准差≤25°	单条压裂缝	只测试数值,无方向
套芯测量 钻孔槽		·≥11 个测量点 ·埋深≥300 m ·标准差≤12°	·≥8 个测量点 ·埋深≥100 m ·标准差≤20°	·≥5 个测量点 ·埋深≥30 m ·标准差≤25°	·≥2 个测量点 ·埋深≥10 m ·标准差≤40°	·<2 个测量点 ·埋深<10 m ·标准差>40°
断层滑动数据		·≥25 个数据 ·其中 60% 的数据波动率不超过 9°	·≥15 个数据 ·其中 45% 的数据波动率不超过 12°	·≥10 个数据 ·其中 30% 的数据波动率不超过 15°	·≥6 个数据 ·其中 15% 的数据波动率不超过 18°	—
火山锥链数据		·≥5 个第四纪喷发链或平行岩脉 ·标准差≤12°	·≥3 个第四纪喷发链或平行岩脉 ·标准差≤20°	·单条出露较好的第四纪岩脉 ·≥5 个喷发口单条链	<5 个火山锥链推测	—

④ 有相当长的一段裂缝面和水平最小主应力方向垂直。

通过分析压裂施工曲线典型点的特征压力值，可以确定出地应力大小，其计算原理如下：

依据公式(3-1)，对于井壁而言，即 $r \to R$ 时，存在：

$$\begin{cases} \tau_{r\theta} = 0 \\ \sigma_r = P \\ \sigma_\theta = (\sigma_H^* + \sigma_h^*) - 2(\sigma_H^* - \sigma_h^*)\cos 2\theta - P \end{cases} \tag{3-8}$$

当 θ 为 0 或 π 时，σ_θ 为最小值，即：

$$\sigma_\theta = 3\sigma_h^* - \sigma_H^* - P \tag{3-9}$$

在水力压裂测量中，随着液压不断增大，井壁上的切向有效应力将逐渐减小。如果地层通过压裂在井壁出现垂直开裂时，按最大拉应力理论，在 $\sigma_\theta = -T$ 时，岩石产生破裂，得到井壁破裂的应力条件为：

$$\sigma_H^* = 3\sigma_h^* - P + T \tag{3-10}$$

如果岩石内孔隙压力为 P_o，则水平最大主应力的计算公式可表示为(Hubbert et al., 1957)：

$$S_{Hmax} = 3S_{hmin} - P_f - P_o + T \tag{3-11}$$

式中 T——岩石抗张强度；

P_f——岩石破裂压力；

P_o——岩石孔隙压力。

当裂缝处于临界闭合状态时，裂缝内流体压力与垂直裂缝平面的水平最小主应力平衡，此时所对应的裂缝闭合压力就近似等于水平最小主应力(White et al., 2002；Zoback et al., 2003)，即：

$$S_{hmin} = P_c \tag{3-12}$$

式中 P_c——裂缝闭合压力，可通过平方根曲线法、G 函数分析法以及双对数分析法加以推算。

现场水力压裂实验是目前获取绝对应力测量最为直接的方法。具体施工时，只需要选择合适层位，利用泵注设备、井下关闭装置和井下压力计，采用适当的方案，进行几个完整周期的压裂。这种方法测定岩石破裂压力、瞬间停泵压力、裂缝重张压力，以此反算水平地应力大小(图 3-9)。在计算地应力时涉及孔隙压力(即地层压力)，一般由实测结果获取。

Bredehoeft 等(1976)建议，在进行多次完整周期压裂时，第二次及其以后周期内先存压裂裂缝不存在抗张强度，因此，公式(3-11)可替换为：

$$S_{Hmax} = 3S_{hmin} - P_r - P_o \tag{3-13}$$

式中 P_r——裂缝重张压力。

上述涉及的概念包括：

破裂压力(P_f)：地层破裂产生流体漏失时的井底压力。

裂缝重张压力(P_r)：当地层被压开后闭合，再重复进行压裂时，使一个先存裂缝重新张开时的井底压力。通常，重张压力的确定需要重复多次破裂-闭合-破裂-闭合的过程，找出与第一次破裂压力的差值。

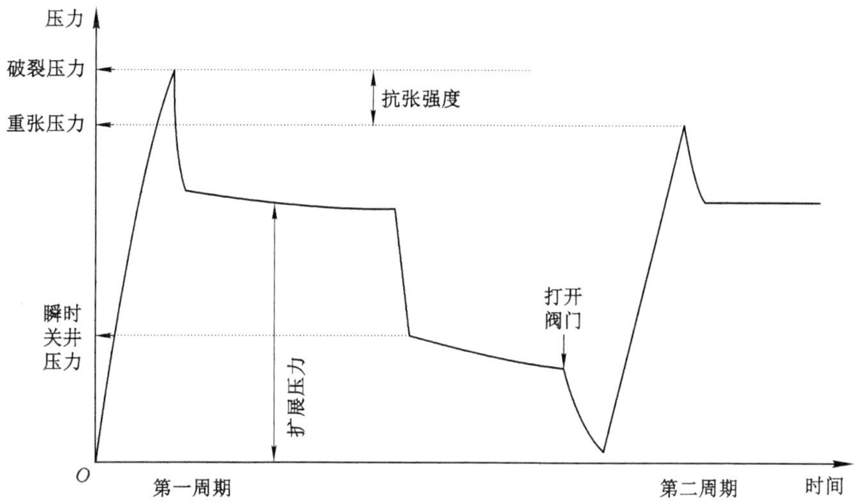

图 3-9　典型水力压裂实验曲线

裂缝闭合压力(P_c):通常把使裂缝恰好保持不至于闭合所需的流体压力称为裂缝闭合压力。在压裂时,使一个先存裂缝保持张开时的最小井底压力,等于作用在岩体上垂直裂缝面的法向应力,即水平最小主应力。为确定闭合压力,一般可使用的方法包括阶跃式注入、回流和闭合递减实验(李志明等,1997)。

需要注意的是,公式(3-11)和公式(3-13)主要针对非渗透性压裂流体,而对于渗透性压裂流体,其计算公式为:

$$S_{Hmax}=3S_{hmin}-2\times\left[1-\frac{\beta(1-2\mu)}{2(1-\mu)}\right]P_r-\frac{\beta(1-2\mu)}{(1-\mu)}P_o \tag{3-14}$$

式中　S_{Hmax},S_{hmin}——水平最大和最小主应力;

β——Biot 系数;

μ——岩石泊松比;

P_r——裂缝重张压力;

P_o——孔隙压力。

Biot 系数是用来描述孔隙压力对岩石变形的影响。Biot 系数的确定除了利用测井计算外,还可借助实验手段进行测定,只要获取岩石体积压缩系数和骨架压缩系数,即可计算得出其数值。通常在实验室中可分两步:首先在保持孔隙压力不变的情况下,增加围压以计算岩石体积压缩系数;进而保持围压和孔隙压力以同样的速度增加,以求取骨架压缩系数,从而计算获取 Biot 系数。

另外,套管的存在以及射孔方位对施工影响较大,现有地应力大小的估算公式是在裸眼井的基础上建立的,因此,不可用套管井水力压裂数据进行地应力大小的计算。

以鄂尔多斯盆地东缘临兴地区为例,基于压裂法获取该区不同井位不同深度的现今地应力大小(表 3-2;Ju et al.,2018c)。

表 3-2　鄂尔多斯盆地东缘临兴地区现今地应力估算结果(据 Ju et al.,2018c,修改)

井名	测试深度/m 顶-底	P_o/MPa	P_r/MPa	P_f/MPa	P_c/MPa	S_{Hmax}/MPa	S_{hmin}/MPa
L-3	1 411.30-1 417.20	12.75	31.30	31.33	28.71	42.08	28.71
	1 495.90-1 500.80	13.68	34.61	35.08	30.12	42.07	30.12
L-4	1 300.10-1 317.40	12.97	29.06	32.74	26.75	38.22	26.75
L-8	1 466.60-1 472.10	14.90	31.70	32.04	26.05	31.55	26.05
L-12	1 473.20-1 480.10	14.06	36.49	36.57	29.87	39.06	29.87
	1 514.80-1 519.20	15.21	40.49	43.61	36.04	52.42	36.04
	1 611.70-1 616.70	15.74	49.44	53.88	33.91	36.55	33.91
	1 700.00-1 717.00	17.43	46.29	47.84	39.91	56.01	39.91
L-13	1 737.80-1 752.00	17.20	41.74	47.08	37.63	53.96	37.63
L-16	1 368.70-1 387.80	13.62	33.27	35.03	31.40	47.32	31.40
	1 709.40-1 715.50	15.53	35.56	42.94	33.98	50.85	33.98

3.3.2　岩石声发射实验法

Kaiser 效应表明,声发射活动的频度或振幅与应力有一定关系,其物理机理可认为是岩石受力后发生微破裂的频度随应力的增大而增加。基于岩石声发射实验,在资料图上确定出最接近现今期次构造活动所对应的 Kaiser 效应点,即在声发射累积数与围压关系曲线上第一个明显斜率陡增点为 Kaiser 效应出现点,按照下列公式推算地应力值。

水平最大主应力值估算:

$$S_{Hmax}=\frac{\sigma_0+\sigma_{90}}{2}+\frac{\sigma_0-\sigma_{90}}{2}(1+\tan^2 2\alpha)^{1/2}+\gamma P_o-KP \tag{3-15}$$

水平最小主应力值估算:

$$S_{hmin}=\frac{\sigma_0+\sigma_{90}}{2}-\frac{\sigma_0-\sigma_{90}}{2}(1+\tan^2 2\alpha)^{1/2}+\gamma P_o-P \tag{3-16}$$

垂向主应力值估算:

$$S_v=\sigma_{\perp}+\gamma P_o-KP \tag{3-17}$$

式中　$\sigma_{\perp}$——垂直方向岩芯 Kaiser 点应力;

σ_0,σ_{45},σ_{90}——0°、45°和 90°三个水平方向的岩芯 Kaiser 点应力;

α——水平最大主应力的方位角;

γ——有效压力系数;

K——围压修正系数;

P——围压;

$\tan 2\alpha$——可根据公式(3-3)进行计算。

由于地应力本身的离散性以及 Kaiser 效应测试地应力的精度,即使同一地点、同一方向,不同试件测得的应力值也不尽相同。因此,对于每个方向需用多个试件进行试验,根据每个试件的声发射特征点确定其载荷值,通过试件的受力面积计算应力值,多个试件的平均值即为该方向的应力测试值。

另外，在进行声发射实验时，由于其依靠测量弹性波继而分析应力，所测试样应为致密岩石且尽量没有破裂和风化现象，当地应力接近岩石破坏条件时，则不能正确分辨出 Kaiser 效应点。岩芯放置的时间越长，则测试出的 Kaiser 效应越弱，因此，在用声发射法测试地应力时，在岩样制备以及保存过程中都应尽可能保护好岩样，岩芯取出后尽快进行实验，且为了更加接近地下实际地质环境，提高测量的精度，还应进行多次测试。

3.3.3 测井资料估算法

基于实验测量获取地应力数值虽然准确，但存在以下缺点：① 由实验所获取的地应力数值不连续，在研究其变化规律和趋势方面存在欠缺，不能建立连续地应力剖面；② 花费过于昂贵，且花费时间也略长。

利用声波时差、密度测井等资料计算岩石杨氏模量、泊松比等力学参数后，即可以利用测井资料简洁地进行地应力大小的估算，此时体现出其经济快速性、应力分布连续性的优势，至今已发展出多种地应力计算模型(表 3-3)。

表 3-3　地应力测井分析计算模型

模型名称	表达式	参考文献
Dinnik 模型	$S_{\mathrm{Hmax}}=S_{\mathrm{hmin}}=\frac{\mu}{1-\mu}S_{\mathrm{v}}$	Dinnik，1925
Matthews & Kelly 模型	$S_{\mathrm{Hmax}}=S_{\mathrm{hmin}}=K_i(S_{\mathrm{v}}-P_{\mathrm{o}})+P_{\mathrm{o}}$	Matthews et al.，1967
Eaton 模型	$S_{\mathrm{Hmax}}=S_{\mathrm{hmin}}=\frac{\mu}{1-\mu}(S_{\mathrm{v}}-P_{\mathrm{o}})+P_{\mathrm{o}}$	Eaton，1969
Anderson 模型	$S_{\mathrm{Hmax}}=S_{\mathrm{hmin}}=\frac{\mu}{1-\mu}(S_{\mathrm{v}}-P_{\mathrm{o}})+\alpha P_{\mathrm{o}}$	Anderson et al.，1973
修正 Anserson 模型	$S_{\mathrm{Hmax}}=\left(\frac{\mu}{1-\mu}\right)(S_{\mathrm{v}}-\alpha P_{\mathrm{o}})+\alpha P_{\mathrm{o}}+S_{\mathrm{T}}$ $S_{\mathrm{hmin}}=\left(\frac{\mu}{1-\mu}\right)(S_{\mathrm{v}}-\alpha P_{\mathrm{o}})+\alpha P_{\mathrm{o}}+S_{\mathrm{t}}$	Ju et al.，2017a
Newberry 模型	$S_{\mathrm{Hmax}}=S_{\mathrm{hmin}}=\frac{\mu}{1-\mu}(S_{\mathrm{v}}-\alpha P_{\mathrm{o}})+P_{\mathrm{o}}$	Newberry et al.，1985
黄氏经验模型	$S_{\mathrm{Hmax}}=\left(\frac{\mu}{1-\mu}+\beta_1\right)(S_{\mathrm{v}}-\alpha P_{\mathrm{o}})+\alpha P_{\mathrm{o}}$ $S_{\mathrm{hmin}}=\left(\frac{\mu}{1-\mu}+\beta_2\right)(S_{\mathrm{v}}-\alpha P_{\mathrm{o}})+\alpha P_{\mathrm{o}}$	黄荣樽，1984
组合弹簧模型	$S_{\mathrm{Hmax}}=\frac{\mu}{1-\mu}(S_{\mathrm{v}}-\alpha P_{\mathrm{o}})+\alpha P_{\mathrm{o}}+\frac{E\varepsilon_{\mathrm{H}}}{1-\mu^2}+\frac{\mu E\varepsilon_{\mathrm{h}}}{1-\mu^2}$ $S_{\mathrm{hmin}}=\frac{\mu}{1-\mu}(S_{\mathrm{v}}-\alpha P_{\mathrm{o}})+\alpha P_{\mathrm{o}}+\frac{E\varepsilon_{\mathrm{h}}}{1-\mu^2}+\frac{\mu E\varepsilon_{\mathrm{H}}}{1-\mu^2}$	Thiercelin et al.，1994 李志明等，1997
李志明和张金珠经验模型	最小主应力水平时： $S_{\mathrm{Hmax}}=\frac{\mu}{1-\mu}(S_{\mathrm{v}}-\alpha P_{\mathrm{o}})+\alpha P_{\mathrm{o}}+\frac{EK_{\mathrm{H}}(S_{\mathrm{v}}-\alpha P_{\mathrm{o}})}{1+\mu}+\frac{\alpha^{\mathrm{T}}E\Delta T}{1-\mu}$ $S_{\mathrm{hmin}}=\frac{\mu}{1-\mu}(S_{\mathrm{v}}-\alpha P_{\mathrm{o}})+\alpha P_{\mathrm{o}}+\frac{EK_{\mathrm{h}}(S_{\mathrm{v}}-\alpha P_{\mathrm{o}})}{1+\mu}+\frac{\alpha^{\mathrm{T}}E\Delta T}{1-\mu}$ 最小主应力垂直时： $S_{\mathrm{Hmax}}=\frac{\mu}{1-\mu}(S_{\mathrm{v}}-\alpha P_{\mathrm{o}})+\alpha P_{\mathrm{o}}+\frac{EK_{\mathrm{H}}(S_{\mathrm{v}}-\alpha P_{\mathrm{o}})}{1+\mu}+\frac{\alpha^{\mathrm{T}}E\Delta T}{1-\mu}+\Delta S_{\mathrm{H}}$ $S_{\mathrm{hmin}}=\frac{\mu}{1-\mu}(S_{\mathrm{v}}-\alpha P_{\mathrm{o}})+\alpha P_{\mathrm{o}}+\frac{EK_{\mathrm{h}}(S_{\mathrm{v}}-\alpha P_{\mathrm{o}})}{1+\mu}+\frac{\alpha^{\mathrm{T}}E\Delta T}{1-\mu}+\Delta S_{\mathrm{h}}$	李志明等，1997

表 3-3(续)

模型名称	表达式	参考文献
斯伦贝谢模型	$S_{Hmax}=\frac{\mu}{1-\mu}S_v-2\gamma P_o+\frac{E\varepsilon_{H2}+\mu E\varepsilon_{H1}}{1-\mu^2}$ $S_{hmin}=\frac{\mu}{1-\mu}S_v-2\gamma P_o+\frac{E\varepsilon_{h2}+\mu E\varepsilon_{h1}}{1-\mu^2}$	谢润成,2009 Yin et al.,2017
ADS 模型	$S_{Hmax}=\mu_g\frac{\mu}{1-\mu}S_v+\mu_g\frac{1-(1+\mu_g)\mu}{1-\mu}\alpha P_o$ $S_{hmin}=\frac{\mu}{1-\mu}S_v+\frac{1-2\mu}{1-\mu}\alpha P_o$	谢润成,2009
多孔弹性水平应变模型	$S_{Hmax}=\frac{\mu}{1-\mu}S_v-\frac{\mu}{1-\mu}\alpha_{vert}P_o+\alpha_{hor}P_o+\frac{E\varepsilon_H+\mu E\varepsilon_h}{1-\mu^2}$ $S_{hmin}=\frac{\mu}{1-\mu}S_v-\frac{\mu}{1-\mu}\alpha_{vert}P_o+\alpha_{hor}P_o+\frac{E\varepsilon_h+\mu E\varepsilon_H}{1-\mu^2}$	马建海等,2002
双轴应变模型	$S_{Hmax}=K_h\cdot S_{hmin}$ $S_{hmin}=\frac{\mu}{1-\mu K_h}\left[\frac{\mu}{1-\mu}(S_v-\alpha_{vert}P_o+\alpha_{hor}P_o)\right]+\frac{E}{1-\mu K_h}\varepsilon_h$	马建海等,2002

表中:S_{Hmax}为水平最大主应力;S_{hmin}为水平最小主应力;S_v为垂向主应力;α 为 Biot 系数;μ 为岩石泊松比;K_i 为岩石骨架应力系数;P_o 为孔隙压力;β_1 和 β_2 分别为水平最大和最小应力系数;ε_H 与 ε_h 分别为水平最大和最小主应变;E 为杨氏模量;K_H 与 K_h 分别为水平最大和最小附加构造应力系数;ΔT 为地层温度变化;ΔS_H 与 ΔS_h 分别为水平最大和最小附加应力;γ 为与 Biot 系数和泊松比有关的系数。

其中,依据测井资料求取岩石力学参数的关系式如下:

$$\mu=\frac{1}{2}\cdot\frac{(\Delta t_s)^2-2(\Delta t_p)^2}{(\Delta t_s)^2-(\Delta t_p)^2} \tag{3-18}$$

$$G=\frac{\rho_b}{(\Delta t_s)^2}\times 9.29\times 10^4 \tag{3-19}$$

$$E=G\cdot\frac{3(\Delta t_s)^2-4(\Delta t_p)^2}{(\Delta t_s)^2-(\Delta t_p)^2} \tag{3-20}$$

$$K=G\cdot\frac{3(\Delta t_s)^2-4(\Delta t_p)^2}{3(\Delta t_p)^2} \tag{3-21}$$

$$C_b=\frac{3(\Delta t_s)^2(\Delta t_p)^2}{\rho_b[3(\Delta t_s)^2-4(\Delta t_p)^2]} \tag{3-22}$$

$$C_{ma}=\frac{3(\Delta t_{mas})^2(\Delta t_{map})^2}{\rho_b[3(\Delta t_{mas})^2-4(\Delta t_{map})^2]} \tag{3-23}$$

$$\alpha=1-\frac{\rho_b(3v_p^2-4v_s^2)}{\rho_{ma}(3v_{map}^2-4v_{mas}^2)} \tag{3-24}$$

式中 μ——岩石泊松比;

G——剪切模量;

E——弹性模量;

K——体积模量；

α——Biot 系数；

C_b, C_{ma}——地层和岩石骨架体积压缩系数；

ρ_b, ρ_{ma}——地层和岩石骨架体积密度；

$\Delta t_s, \Delta t_{mas}$——地层和岩石骨架横波时差；

$\Delta t_p, \Delta t_{map}$——地层和岩石骨架纵波时差；

v_s, v_{mas}——地层和岩石骨架横波速度；

v_p, v_{map}——地层和岩石骨架纵波速度。

3.3.4 差应变法

通常，岩石压缩变形由岩石固体颗粒变形和空隙变形两部分组成，空隙变形又由岩石天然孔隙变形和岩石受力释放后所产生的次生孔裂缝变形组成，而只有后部分变形才体现岩石先前的受力信息。如何有效分离出岩石受力释放后所产生的次生孔裂缝变形是差应变法地应力测量的关键(彭华等，2011)。

在实验时，对试样施加围压，此过程可视为岩石应力释放时岩石膨胀的反过程。由多个方向的微裂缝闭合应变率可求取 3 个主微裂缝应变，而主微裂缝应变大小与 3 个主应力有关，且同时对应着 3 个主应力方向。

在考虑孔隙压力和各向同性条件下，结合公式(3-7)，主应力比值为(李志明等，1997)：

$$(\sigma_1 - P_o):(\sigma_2 - P_o):(\sigma_3 - P_o) = [\mu(\varepsilon_y + \varepsilon_z) + (1-\mu)\varepsilon_x]:[\mu(\varepsilon_z + \varepsilon_x) + (1-\mu)\varepsilon_y]:[\mu(\varepsilon_x + \varepsilon_y) + (1-\mu)\varepsilon_z] \tag{3-25}$$

式中　$\sigma_1, \sigma_2, \sigma_3$——最大、中间和最小主应力；

μ——泊松比；

P_o——孔隙压力。

由于差应变分量只能计算出主应力比值，假定岩石垂向主应力为上覆岩层的重量，或取微裂缝完全闭合时的围压作为最大主应力值，则根据公式(3-25)所示的主应力间的比值关系可计算出三维地应力值。

3.3.5 钻孔崩落法

研究表明(Nikolaevskiy et al.，2000)，综合利用双井径曲线和成像测井图像可求取钻孔崩落段的崩落深度和宽度，进而依据岩石力学性质、地应力方向和崩落深度、宽度之间的函数关系，可求取水平最大和最小主应力，计算公式如下(刘之的等，2005；印兴耀等，2018)：

$$S_{Hmax} = 2 \times \frac{(a_1 + a_2)(C_0 - f\Delta p) - (c_1 + c_2)(C_0 - e\Delta p)}{(a_1 + a_2)(d_1 + d_2) - (c_1 + c_2)(b_1 + b_2)} \tag{3-26}$$

$$S_{hmin} = 2 \times \frac{(d_1 + d_2)(C_0 - e\Delta p) - (b_1 + b_2)(C_0 - f\Delta p)}{(a_1 + a_2)(d_1 + d_2) - (c_1 + c_2)(b_1 + b_2)} \tag{3-27}$$

其中：

$$a_1 = -u[1 - 2\cos(2\theta_\varphi) \times b]$$

$$a_2 = \sqrt{1 + u^2}[1 - 2\cos(2\theta_\varphi) \times b]$$

$$b_1 = -u[1 + 2\cos(2\theta_\varphi) \times b]$$

$$b_2 = \sqrt{1 + u^2}[1 + 2\cos(2\theta_\varphi) \times b]$$

$$c_1 = -u\left(1 + 2\frac{r_w^2}{D_{max}^2}\right)$$

$$c_2 = \sqrt{1+u^2}\left(1 - \frac{r_w^2}{D_{max}^2} + 3\frac{r_w^4}{D_{max}^4}\right)$$

$$d_1 = -u\left(1 - 2\frac{r_w^2}{D_{max}^2}\right)$$

$$d_2 = \sqrt{1+u^2}\left(3\frac{r_w^2}{D_{max}^2} - 3\frac{r_w^4}{D_{max}^4} - 1\right)$$

$$e = -\sqrt{1+u^2}$$

$$f = -\sqrt{1+u^2} \times \frac{r_w^2}{D_{max}^2}$$

$$D_{max} = | C_{13} - C_{24} |$$

$$\Delta p = P_m - P_o$$

式中 P_m——泥浆柱压力；

P_o——孔隙压力；

C_0——岩石黏聚力；

f——岩石内摩擦系数；

u——岩石滑动摩擦系数；

b——钻孔崩落宽度，可从成像测井图像中获取；

C_{13}，C_{24}——不同方向井径值，可从双井径曲线中获取；

D_{max}——最大钻孔崩落深度，可从成像测井图像中获取；

r_w——井眼半径；

θ_φ——钻孔崩落与井壁交点的方位角。

需要注意的是，公式(3-26)和公式(3-27)的适用条件是钻孔崩落已经达到稳定状态(刘之的等，2005)。

3.3.6 井壁诱导压裂法

研究表明，钻孔崩落深度受多次崩落的影响很大，但崩落宽度却基本保持不变。由此，当只用崩落宽度计算地应力时，在钻孔井壁上存在一个较为确定的起始崩落边界点，该点满足剪切破裂条件：

$$\tau_s = (S_{Hmax} + S_{hmin}) - 2(S_{Hmax} + S_{hmin})\cos(2\theta_\varphi) - (P_m - P_o) \tag{3-28}$$

式中 P_m——泥浆柱压力；

P_o——孔隙压力；

θ_φ——钻孔崩落与井壁交点的方位角，可由成像测井图获取；

τ_s——岩石的抗剪强度，可用密度、声波测井资料计算；

S_{Hmax}，S_{hmin}——水平最大和最小主应力。

刘之的等(2005)利用成像测井资料确定井壁诱导压裂平衡点，进而建立水平最大主应力与最小主应力之间的关系：

$$\tau_s = 3S_{hmin} - S_{Hmax} - P_m - \alpha P_o \tag{3-29}$$

式中 α——Biot 系数；

其他参数的指示意义与公式(3-28)一致。

在此基础上，联立公式(3-28)和公式(3-29)，便可求得水平最大和最小主应力的大小。

3.3.7 数值模拟法

一般而言，区域现今地应力的总体规律可在活动断层分析、震源机制解反演等基础上得出初步认识，但要查明应力集中部位或量化表征应力分布规律，则需借助数值模拟来实现。目前，随着计算机技术的迅猛发展，利用数值模拟对地下介质的地应力分布进行预测已成为不可或缺的重要方法，尤以有限元法最为常用(Parsons，2006；Matsuki et al.，2009；鞠玮等，2013；Ju et al.，2018d，2018e)。

在使用有限元法模拟地应力时，通常需要先取空间内任意小的体积单元，然后理清该体积单元中各种物理量之间的相互关系。在外力作用下的静止物体，其内微小单元不仅受外力作用，也可能受其内部体积力的作用，这些力保持平衡状态，此时，三轴上力的平衡可表示为：

$$\begin{cases}\dfrac{\partial \sigma_x}{\partial x}+\dfrac{\partial \tau_{xy}}{\partial y}+\dfrac{\partial \tau_{zx}}{\partial z}+X=0\\[2ex]\dfrac{\partial \tau_{xy}}{\partial x}+\dfrac{\partial \sigma_y}{\partial y}+\dfrac{\partial \tau_{yz}}{\partial z}+Y=0\\[2ex]\dfrac{\partial \tau_{zx}}{\partial x}+\dfrac{\partial \tau_{yz}}{\partial y}+\dfrac{\partial \sigma_z}{\partial z}+Z=0\end{cases} \tag{3-30}$$

所谓的区域应力场有限元反演，就是在已知地应力实测点基础上，利用有限元数值模拟来推算整个区域的地应力场研究方法，也即在给定边界条件下求解平衡方程。其基本思路为：将单个完整的地质体离散化，形成有限个以节点连接的连续单元，并赋予对应的岩石力学参数；将研究区内的连续场函数转化成为求解有限个离散点的场函数，基本变量包括位移、应力和应变；根据边界受力条件和节点平衡条件，建立以节点位移为未知量、以总体刚度矩阵为系数的方程组，利用插值函数求取各个节点上的位移，进而可计算出各个单元内的应力和应变值(周文等，2007；丁文龙等，2011；图 3-10)。

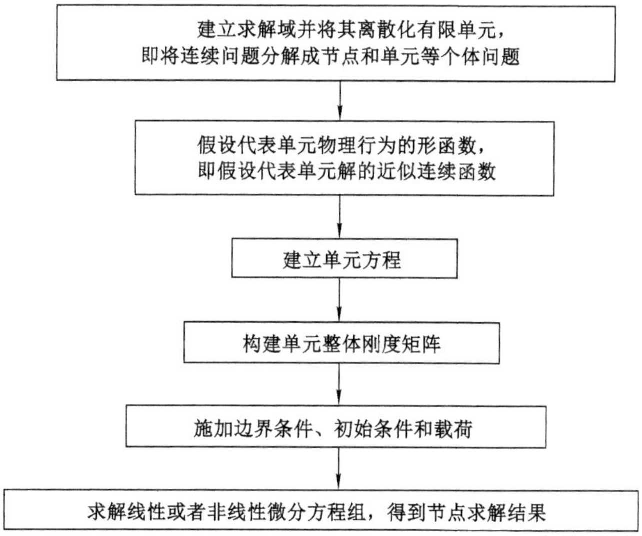

图 3-10　数值模拟法分析地应力流程图

有限元线性代数方程为：

$$\boldsymbol{KU}=\boldsymbol{P}+\boldsymbol{Q} \tag{3-31}$$

式中 $\boldsymbol{U}$——系统节点位移矢量；

$\boldsymbol{K}$——系统刚度矩阵；

$\boldsymbol{P}$——体力载荷的等效节点矢量；

$\boldsymbol{Q}$——边界面载荷的等效节点矢量。

$$\boldsymbol{K}=\sum K_{e}=\sum\left(\iiint \boldsymbol{B}^{\mathrm{T}}\boldsymbol{DB}\,\mathrm{d}v\right) \tag{3-32}$$

$$\boldsymbol{P}=\sum P_{e}=\sum\left(\iiint \boldsymbol{N}^{\mathrm{T}}q\,\mathrm{d}v\right) \tag{3-33}$$

$$\boldsymbol{Q}=\sum Q_{e}=\sum\left(\iiint \boldsymbol{N}^{\mathrm{T}}q\,\mathrm{d}v\right) \tag{3-34}$$

式中 $\boldsymbol{D}$——弹性矩阵；

$\boldsymbol{B}$——应变矩阵；

$\boldsymbol{N}$——表示形函数；

e——表示单元。

对于三维弹性问题，应力和应变张量用矢量表示为：

$$\boldsymbol{\sigma}=[\sigma_{x}\sigma_{y}\sigma_{z}\tau_{xy}\tau_{yz}\tau_{zx}]^{\mathrm{T}} \tag{3-35}$$

$$\boldsymbol{\varepsilon}=[\varepsilon_{x}\varepsilon_{y}\varepsilon_{z}\varepsilon_{xy}\varepsilon_{yz}\varepsilon_{zx}]^{\mathrm{T}} \tag{3-36}$$

式中 T——表示倒转。

处于平衡状态的受载弹性物体，应变与位移、应力与外力之间存在一定的关系，称为弹性力学的基本方程。在实际计算中，通过对基本方程的求解可以获得地质体中每个有限单元的最大、中间和最小主应力的方向和大小。

计算出应力场之后，在每个单元上的应力为：

$$\boldsymbol{\sigma}=\begin{bmatrix}\sigma_{x} & \sigma_{xy} & \sigma_{xz}\\ \sigma_{yx} & \sigma_{y} & \sigma_{yz}\\ \sigma_{zx} & \sigma_{zy} & \sigma_{z}\end{bmatrix} \tag{3-37}$$

通过正交相似变换，可以简化为对角矩阵，其对角元是矩阵 $\boldsymbol{\sigma}$ 的三个特征值，即三个主应力值，所对应的特征值向量分别为三个主应力方向的余弦。

在有限网格离散后，并知道岩石或岩石组合常数（杨氏模量和泊松比）情况下，系统刚度矩阵很容易计算，从而可获得系统节点位移矢量，进而求出应变场和应力场。如 Ju 等(2018d)利用有限元数值模拟方法对库车拗陷迪北气田内阿合组致密砂岩气藏现今地应力进行预测，结果表明，区内现今地应力由北到南随埋藏深度增加而增大(图 3-11)。

$$\boldsymbol{P\sigma P}^{-1}=\begin{bmatrix}\gamma_{1} & & 0\\ & \gamma_{2} & \\ 0 & & \gamma_{3}\end{bmatrix}\rightarrow\begin{bmatrix}\sigma_{1} & & 0\\ & \sigma_{2} & \\ 0 & & \sigma_{3}\end{bmatrix} \tag{3-38}$$

3.3.8 地震预测法

利用地震数据估算地应力是正在发展的一种地应力预测方法，该方法可获取某个区域连续的地应力剖面，对地下介质进行全面的地应力预测。

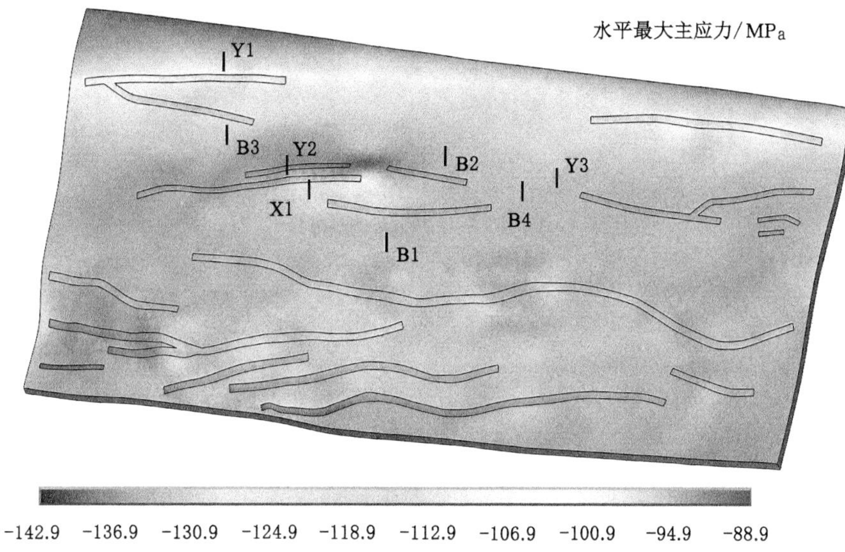

图 3-11　库车拗陷迪北气田阿合组现今水平最大主地应力分布图(据 Ju 等,2018d,修改)

3.3.8.1　基于反射系数反演地应力

Dillen(2000)建立了反射系数与应力之间的关系,为地震数据反演应力分布提供了可能。Tigrek 等(2003)通过分析 PP 波反射系数与 PS 波反射系数大小与地应力之间的关系,建立了如下目标函数:

$$C=\frac{\sum_{\theta}\mid R^{\mathrm{PP}}(\theta,\rho,v_{\mathrm{p}}^{2},v_{\mathrm{s}}^{2})-R_{\mathrm{data}}^{\mathrm{PP}}(\theta)\mid}{\sum_{\theta}\mid R_{\mathrm{data}}^{\mathrm{PP}}(\theta)\mid}+\frac{\sum_{\theta}\mid R^{\mathrm{PS}}(\theta,\rho,v_{\mathrm{p}}^{2},v_{\mathrm{s}}^{2})-R_{\mathrm{data}}^{\mathrm{PS}}(\theta)\mid}{\sum_{\theta}\mid R_{\mathrm{data}}^{\mathrm{PS}}(\theta)\mid} \tag{3-39}$$

式中　R^{PP},R^{PS}——PP 和 PS 波的反射系数;

$R_{\mathrm{data}}^{\mathrm{PP}}$,$R_{\mathrm{data}}^{\mathrm{PS}}$——实际地震资料经过反褶积得到的 PP 和 PS 波反射系数。

通过实验首先获取研究区动静态参数比,在反射系数反演的基础上获得静态参数,然后利用静态参数建立地质力学模型,最后基于该模型计算地下介质的应力分布。

3.3.8.2　基于曲率属性预测地应力

地层曲率与应变之间存在着密切关系,在虎克定律联系下,Hunt 等(2011)建立了地层曲率与地应力之间的关系,即:

$$\sigma=E\cdot\varepsilon=E\cdot\left(\frac{h}{2}\right)\cdot K_{\mathrm{c}} \tag{3-40}$$

式中　E——杨氏模量;

K_{c}——曲率属性;

h——褶皱岩层厚度;

ε——应变;

σ——应力。

何英(2011)在薄板理论假设下,推导得到基于曲率的地应力表达式:

$$\sigma_x = -\frac{Et}{2(1-\mu^2)}(K_x + \mu K_y) \tag{3-41}$$

$$\sigma_y = -\frac{Et}{2(1-\mu^2)}(K_y + \mu K_x) \tag{3-42}$$

$$\tau_{xy} = -\frac{Et}{2(1+\mu)}K_{xy} \tag{3-43}$$

式中　$\sigma_x, \sigma_y, \tau_{xy}$——$x$、$y$ 轴方向上的主应力和 xy 面的切应力；

K_x, K_y, K_{xy}——x、y 方向的曲率和 xy 面的扭率；

E——杨氏模量；

μ——泊松比；

t——地震剖面上应变介质上下界面的时差。

主应力及其方位为：

$$\sigma_{max} = \frac{\sigma_x + \sigma_y}{2} + \sqrt{\left(\frac{\sigma_x - \sigma_y}{2}\right)^2 + \tau_{xy}^2} \tag{3-44}$$

$$\tan\theta = \frac{\sigma_{max} - \sigma_x}{\tau_{xy}} \tag{3-45}$$

式中　σ_{max}——最大主应力；

θ——σ_{max}与 x 轴的夹角。

通过地震反演获取地下介质杨氏模量和泊松比，由地震层位数据计算出曲率属性，便可预测地下介质的地应力分布。

3.3.9　钻孔应力解除法

钻孔应力解除法在 20 世纪 90 年代是现场地应力测试常用的方法，压裂法、声发射实验法出现后，该方法的应用已逐渐减少。根据钻孔形式、测量部位和使用元件的差异，可将其分为孔底法、孔径法和孔壁法。

(1) 孔底法

先在岩体中钻一个孔，其深度为预定测试地应力的部位，磨平孔底，然后把测量应变的元件贴在孔底中心，再用环状钻头沿孔轴延伸钻孔到适当的深度，将岩芯与孔壁分离，使底孔应力解除。由应变元件测量出应力解除后孔底中心处的恢复应变，再根据岩石弹性模量和泊松比，按弹性力学中的平面应力问题确定应力解除前孔底中心处的各应力分量。

(2) 孔径法

先在岩体的测点附近钻一个大孔，然后沿孔轴心线钻一个适当深度的同心小孔。在与孔轴线垂直的平面内安装孔径变形计，再延伸大钻孔，使岩芯应力解除。在应力解除过程中，测得一些孔径的绝对变形 U，再利用岩体应力与孔径变形的关系求得地应力：

$$U = \frac{d}{E}[(\sigma_1 + \sigma_2) + 2(\sigma_1 - \sigma_2)\cos^2\theta] \tag{3-46}$$

式中　σ_1, σ_2——与孔轴线垂直的平面内的两个主应力；

θ——从 σ_1 方向逆时针所测角度；

d——孔直径。

由公式(3-46)可知，测得一个 U 值并不能求解 σ_1、σ_2 和 θ 值，因此，需要测定三个不同方向的 U 值，得出三个方程联立进行计算。在实际应用中，多测定三个互成 60°的 U 值，由此可利用公式(3-46)～公式(3-48)进行地应力的计算：

$$\frac{\sigma_1}{\sigma_2} = \frac{E}{6d}(U_1 + U_2 + U_3) \pm \frac{\sqrt{2}E}{12d} \cdot \sqrt{(U_1 - U_2)^2 - (U_2 - U_3)^2 - (U_3 - U_1)^2)} \tag{3-47}$$

$$\tan 2\theta = \frac{\sqrt{3}(U_2 - U_3)}{2U_1 - U_2 - U_3} \tag{3-48}$$

(3) 孔壁法

该方法是在孔径法基础上发展起来的，它能在单一钻孔中测得地应力的 6 个分量，其与孔径法的区别在于：它不是在小孔中安装孔径变形计，而是粘贴由 3 组直角应变片组成的三轴应变计。在套孔使岩芯应力解除过程中测得孔壁上 3 组应变片所显示的应变值，再利用岩体应力与孔壁应变间的关系，求得地应力值。

钻孔应力解除法较早地被用于实地地应力测量，主要是通过测量岩体的应变来反求地应力，所以要求精确地确定岩石的弹性模量和泊松比。然而，在实践中要精确测定这些岩石力学参数并非易事，因此，钻孔应力解除法并非一种理想的地应力测试方法。

3.3.10　扁千斤顶法

扁千斤顶又称“压力枕”，是由两块薄钢板沿周边焊接在一起而成，周边设有一个油压出口和一个出气阀(图 3-12)。

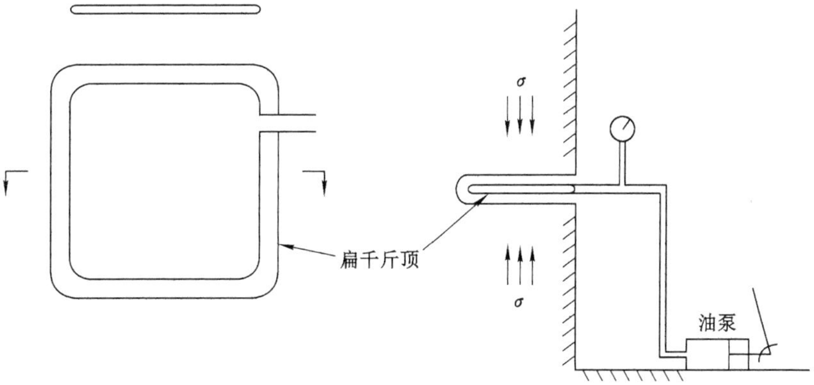

图 3-12　扁千斤顶应力测量示意图

扁千斤顶法的测量原理是基于岩石为完全线弹性体的假设。具体的做法是：在待测区安装两个测量柱，并测量两柱间的距离，再挖一个垂直于测量柱连线的扁槽，其形状参数与扁千斤顶一致，同时记录下由于扁槽开挖造成的应力释放而引起的测量柱之间距离的变化，而后将扁千斤顶完全塞入槽内，再用电动或手动液压泵对其加压，由于压力的增加，两测量柱间的距离亦增加。当两测量柱之间的距离恢复到扁槽开挖前的大小时，停止加压，记录下此时扁千斤顶中的压力，即“平衡压力”，等于扁槽开挖前表面岩体中垂直于扁千斤顶方向(即平行于两测量柱连线方向)的应力。

扁千斤顶法测量地应力是一维的，且应用范围有限，目前已基本被淘汰。

第4章　致密油区现今地应力场特征

4.1　延长组现今地应力方向特征

目前鲜有针对鄂尔多斯盆地现今地应力方向的研究，仅有的一些方向数据也局限在个别区块（如镇泾区块，图 1-13）。在最新的世界应力图中，鄂尔多斯盆地致密油富集区的现今地应力方向数据也极为有限（图 4-1），且主要分布于其周缘地区。因此，有必要对鄂尔多斯盆地内部开展现今地应力研究，为致密油勘探开发提供新的地质参考。

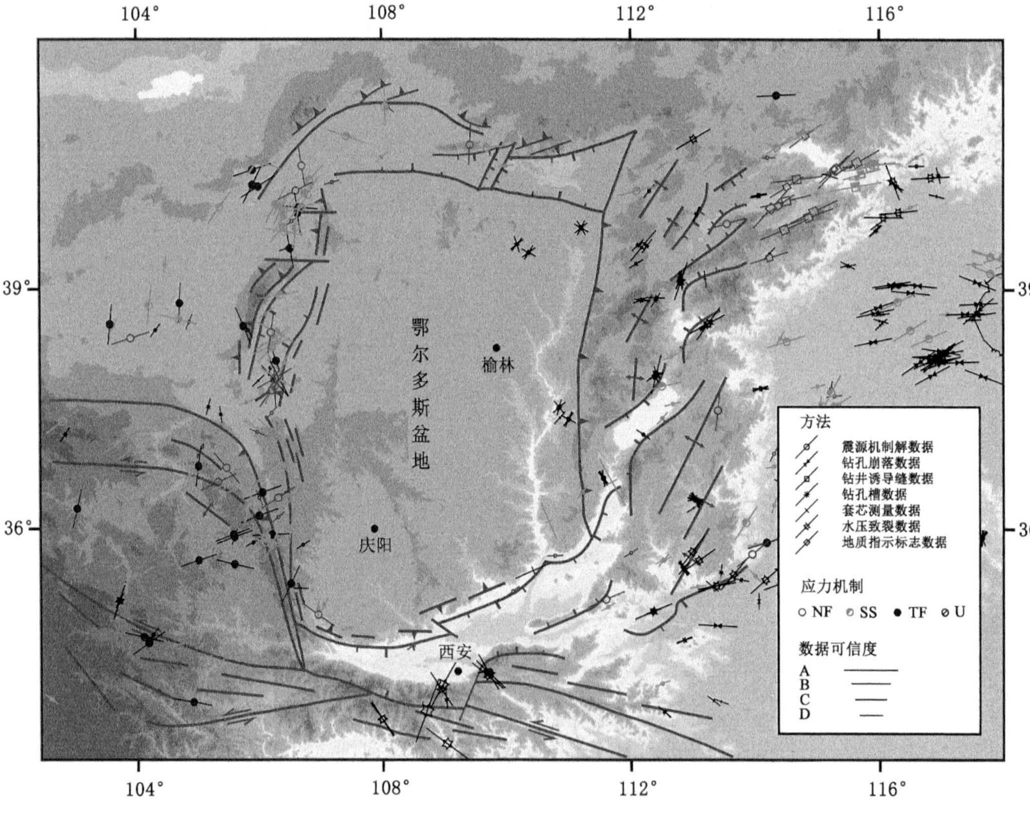

图 4-1　世界应力图中记录的鄂尔多斯盆地应力方向（据 Heidbach et al.，2016b，修改）

由于鄂尔多斯盆地构造稳定，区内天然地震数量少且震级低，难以用于地应力分析。因此，本次研究中，用于确定鄂尔多斯盆地致密油区现今地应力方向的方法主要为钻孔崩落法和钻井诱导缝法。依据成像测井资料，识别并解译致密油区发育的钻孔崩落和诱导缝信息，进而确定现今地应力场方向。成像测井(Imaging Log)是一种依据钻孔中地球物理场的观测，对井壁以及井周围物体进行物理参数成像的方法。广义而言，成像测井包括井壁成像、井边成像和井间成像。井壁成像测井在技术上最为成熟，包括井壁声波成像和地层微电阻率扫描成像；井边成像主要是电阻率成像，所用方法包括方位侧向测井和阵列感应测井；井间成像包括声波、电磁波和电阻率成像。

目前，斯伦贝谢、哈里伯顿和贝克休斯国际三大测井公司的成像测井方法各具特点，其主导仪器归纳见表 4-1。

表 4-1　国际三大测井公司主导成像测井对比表

测井公司	主导成像测井
斯伦贝谢	全井眼地层微电阻率扫描成像(FMI)
	超声波成像(USI/UBI/UCI)
	油基微成像(OBMI)
	高分辨率阵列侧向成像(HRLA)
	方位电阻率成像(ARI)
	阵列感应成像(AIT)
	偶极横波成像(DSI)
	核磁共振成像(CMR)
贝壳休斯	微电阻率扫描成像测井(STAR-Ⅱ)
	数字井周成像测井(CBIL)
	交叉式多极子阵列声波测井(XMAC-Ⅱ)
	核磁共振测井(MRIL-A/MRIL-P)
哈里伯顿	微电阻率扫描成像(EMI)
	声波井周成像测井(CAST-V)
	增强型微电阻率成像(XRMI)

本次研究在 58 口井 28 221.5 m 的成像测井中识别钻孔崩落和诱导缝，所使用的成像测井数据包括：CAST-V 数据 1 口井，FMI 数据 1 口井，中国石油集团测井有限公司微电阻率扫描成像测井 MCI 数据 7 口井，STAR-Ⅱ数据 12 口井，XRMI 数据 20 口井，MCI/CAST-V 数据 1 口井，STAR-Ⅱ/CBIL 数据 3 口井和 XRMI/CAST-V 数据 13 口井。

4.1.1　钻孔崩落特征与地应力方向

基于 58 口井的成像测井资料分析，在鄂尔多斯盆地延长组中共识别出 105 处钻孔崩落段(图 4-2)，累积长度 102.90 m。整体上，地应力方向表现为 ENE-WSW 的优势方位(表 4-2 和图 4-3)。但由于本研究中单井内钻孔崩落段数量有限，按照世界应力图计划推荐的应力方向可信度评价体系(表 3-1)，基于钻孔崩落法确定的延长组现今地应力方向可信度为 C-D 级(表 4-2)。

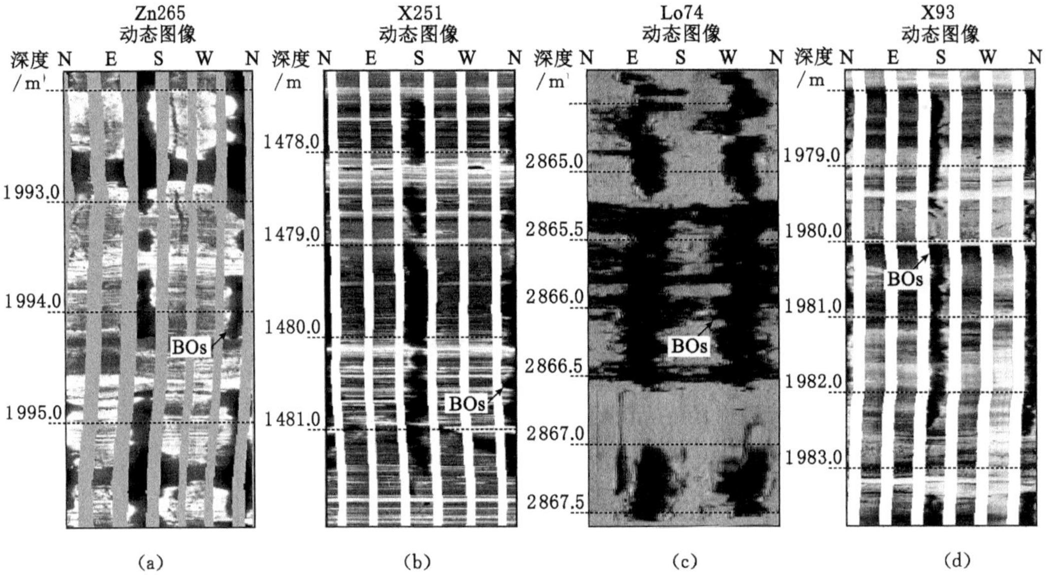

图 4-2 鄂尔多斯盆地延长组致密油区钻孔崩落成像测井解译图

(a) Zn265 井；(b) X251 井；(c) Lo74 井；(d) X93 井；BOs 为钻孔崩落

表 4-2 鄂尔多斯盆地延长组致密油区钻孔崩落解译地应力数据表

井名	数量	深度/m	长度/m	平均 S_{Hmax}方向/(°N)	标准差/(°)	可信度级别
B267	4	2 403.00-2 416.00	10.30	55.00	5.25	D
Lo74	5	2 834.80-2 867.50	3.70	40.67	1.15	D
X189	5	2 092.00-2 100.00	5.80	75.75	0.96	D
X251	16	1 322.00-1 528.00	22.20	83.67	2.66	C
X252	12	1 645.20-1 673.00	8.10	86.33	1.53	D
X93	7	1 520.80-1 987.80	11.20	81.60	5.32	D
Zn205	15	1 925.10-2 105.00	10.40	77.86	4.98	D
Zu193	10	1 457.80-1 650.00	10.50	84.50	4.85	D
Zu197	24	1 586.80-1 841.00	11.50	90.08	2.47	D
Zu95	7	1 860.00-1 871.60	9.20	85.00	1.63	D

注：S_{Hmax}为水平最大主应力。

4.1.2 钻井诱导缝特征与地应力方向

基于 58 口井成像测井资料，在鄂尔多斯盆地延长组中共识别出 1 431 处钻井诱导缝发育段(图 4-4 和图 4-5)，累积长度达 3 319.36 m。基于钻井诱导缝法确定的延长组现今地应力方向的可信度介于 A-D 级(表 4-3)。整体上，鄂尔多斯盆地致密油区延长组的现今地应力方向表现为 ENE-WSW～NE-SW 的优势方位(表 4-3 和图 4-6)。

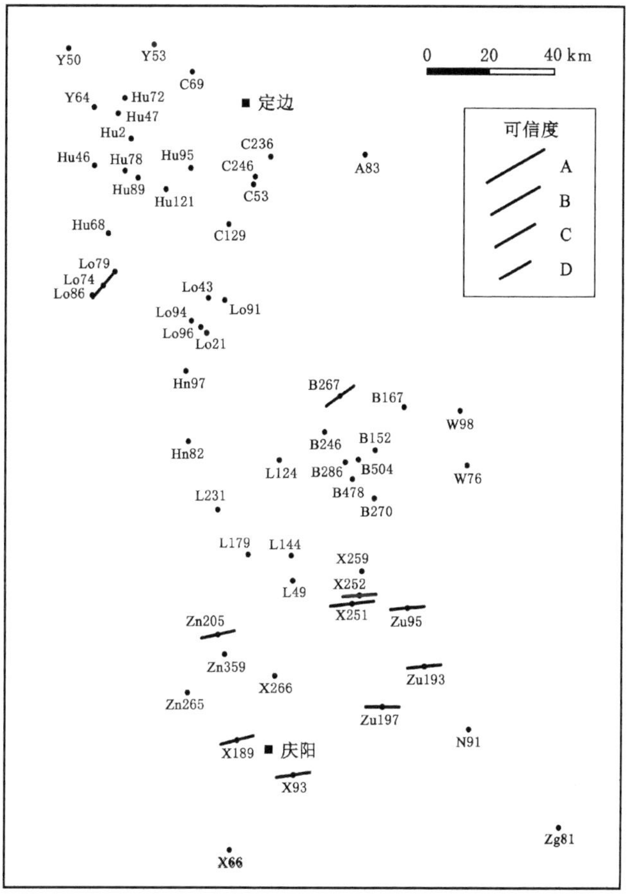

图4-3 基于钻孔崩落法确定的延长组致密油区现今地应力方位图

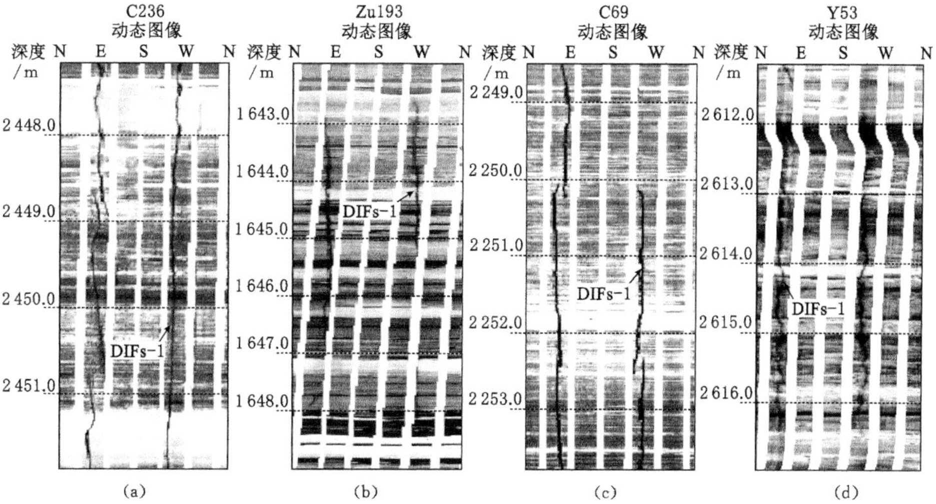

图4-4 鄂尔多斯盆地延长组致密油区钻井诱导缝(类型Ⅰ)成像测井解译图

(a) C236井;(b) Zu193井;(c) C69井;(d) Y53井;DIFs-1为类型Ⅰ钻井诱导缝

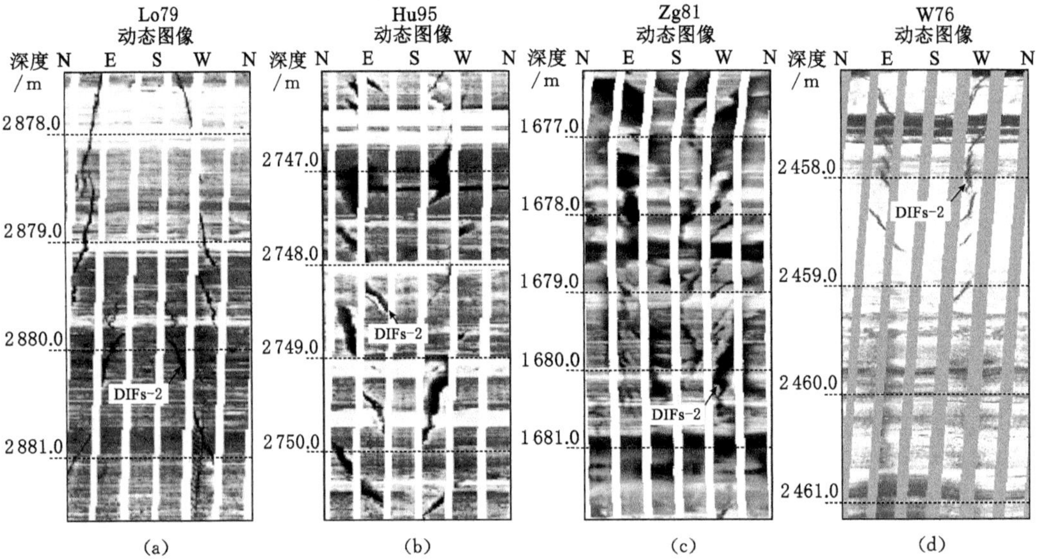

图 4-5 鄂尔多斯盆地延长组致密油区钻井诱导缝(类型Ⅱ)成像测井解译图

(a) Lo79 井;(b) Hu95 井;(c) Zg81 井;(d) W76 井;DIFs-2 为类型Ⅱ钻井诱导缝

表 4-3 鄂尔多斯盆地延长组致密油区钻井诱导缝解译地应力数据表

井名	数量	深度/m	长度/m	平均 S_{Hmax}方向/(°N)	标准差/(°)	可信度级别
A83	46	2 071.00-2 323.50	121.40	84.14	1.99	A
B152	35	1 930.00-2 333.00	151.00	66.20	11.19	A
B167	4	1 873.00-2 080.00	6.00	92.00	9.90	D
B246	5	2 013.00-2 250.00	12.00	34.50	2.12	D
B270	11	1 840.00-2 158.00	36.00	36.20	3.03	C
B286	55	1 744.00-2 359.00	214.30	81.23	7.55	A
B478	15	1 988.00-2 248.00	50.00	76.44	5.53	B
B504	4	2 109.84-2 125.27	2.86	92.23	1.92	D
C129	13	2 508.96-2 884.10	30.63	78.20	15.60	C
C236	30	2 406.20-2 656.90	49.70	72.73	5.41	B
C246	4	2 698.90-2 702.50	3.60	67.00	7.94	D
C53	40	2 480.00-2 872.00	128.80	54.26	11.31	A
C69	34	2 035.05-2 467.76	78.10	66.21	11.22	B
Hn82	16	2 285.90-2 613.10	41.60	88.00	8.12	B
Hn97	10	2 581.50-2 718.50	26.10	67.50	5.00	C
Hu121	66	2 300.00-2 566.00	101.20	76.61	4.05	A
Hu2	61	2 664.50-2 999.00	155.40	47.97	11.89	A
Hu46	15	2 585.80-2 773.00	29.20	83.13	2.30	C
Hu47	14	2 417.00-2 586.30	12.10	62.20	13.10	D

表 4-3(续)

井名	数量	深度/m	长度/m	平均 S_{Hmax}方向/(°N)	标准差/(°)	可信度级别
Hu68	42	2 643.00-2 953.00	158.00	81.67	4.46	A
Hu72	13	2 277.00-2 526.70	15.70	67.10	14.09	D
Hu78	66	2 271.40-2 867.70	162.10	80.84	8.78	A
Hu89	18	2 437.50-2 662.50	40.50	61.82	10.84	B
Hu95	22	2 346.50-2 750.90	26.10	70.13	17.27	C
L124	25	2 167.00-2 336.30	23.60	73.60	8.96	C
L144	6	2 187.00-2 298.00	7.00	71.50	19.09	D
L179	20	2 070.70-2 252.00	21.60	51.00	5.89	C
L231	41	2 089.50-2 108.80	19.30	64.23	13.87	D
L49	77	1 930.00-2 280.00	229.50	76.36	7.83	A
Lo21	41	2 100.00-2 457.00	156.90	57.00	3.30	A
Lo43	51	2 170.00-2 600.00	118.40	59.87	9.88	A
Lo74	20	2 760.20-2 873.80	22.60	41.86	7.93	C
Lo79	33	2 793.50-2 993.00	66.50	60.00	9.35	B
Lo86	24	2 575.69-2 722.00	15.06	59.55	8.28	D
Lo91	62	2 529.22-2 557.00	27.78	34.59	8.00	C
Lo94	55	2 147.00-2 662.00	204.40	57.50	6.43	A
Lo96	14	2 490.94-2 635.00	11.36	70.66	12.68	D
N91	16	1 417.00-1 548.70	14.10	64.11	9.77	D
W76	22	1 977.50-2 460.00	32.00	72.91	15.11	C
W98	25	1 953.90-2 032.00	23.30	87.12	9.86	C
X251	33	1 621.60-1 832.00	35.80	71.80	10.16	C
X252	22	1 885.50-2 127.00	63.70	84.07	2.84	B
X259	23	1 862.00-2 033.60	78.50	94.80	2.95	B
X266	5	2 212.70-2 219.00	5.80	64.00	12.17	D
X66	5	1 781.60-1 784.10	2.50	56.00	5.66	D
Y50	53	2 296.13-2 475.00	92.35	53.76	10.88	B
Y53	30	2 235.00-2 497.30	122.20	50.25	6.59	A
Y64	6	2 612.30-2 618.00	5.70	73.17	12.30	D
Zn265	9	2 091.50-2 385.00	11.00	81.33	6.22	D
Zn359	12	1 974.93-2 239.00	34.42	63.72	7.85	C
Zg81	34	1 466.90-1 814.00	140.60	76.11	11.12	A
Zu193	17	1 642.00-1 876.00	71.70	77.67	9.04	B
Zu197	10	1 828.00-1 839.50	9.30	86.50	2.12	D

注：S_{Hmax}为水平最大主应力。

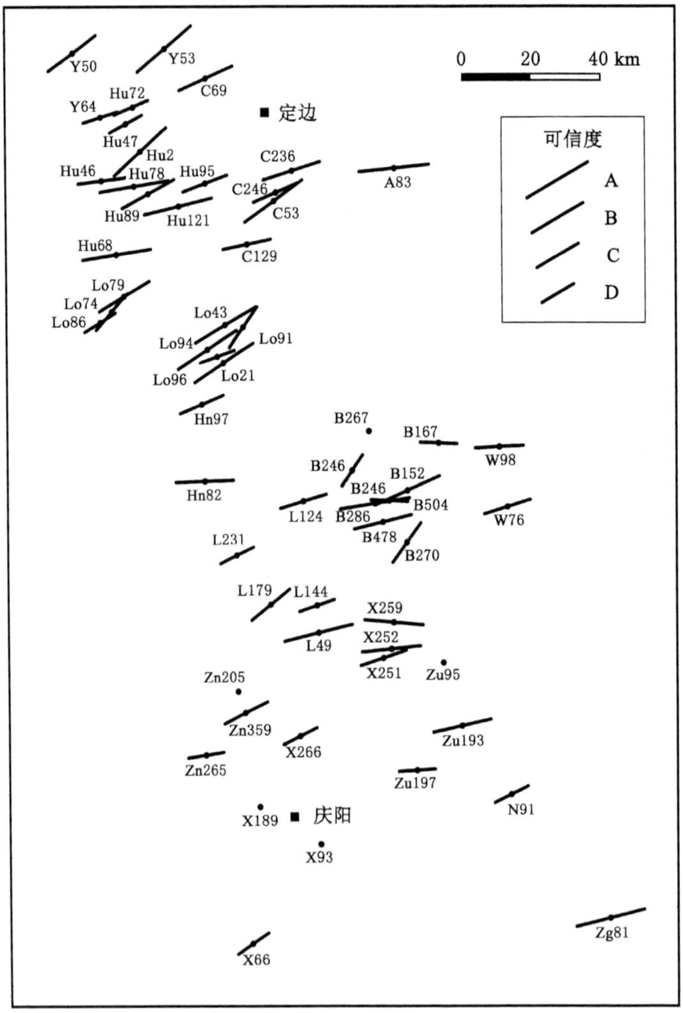

图 4-6 基于钻井诱导缝法确定的延长组致密油区现今地应力方位图

综合钻孔崩落法和钻井诱导缝法的解译结果，以钻井诱导缝为主导，将延长组长 2-长 10 不同油层组的现今地应力方向进行细化表征(图 4-7～图 4-10)。

结果表明，不同油层组的现今地应力优势方向有所差异(图 4-7～图 4-10)，其原因可能在于不同油层组具有各异的岩石组合，导致岩石力学性质不同，进而会造成地应力方向产生变化。地层岩石是地应力的载体，岩石力学性质对地应力的传递、衰减、集中和分散会产生很大影响，岩石力学参数与岩体中地应力状态密切相关。

另外，即便在同一口井的同一油层组内，现今地应力方向在深度方向上也存在差异(图 4-11)，天然裂缝和层理的发育可能是其主导因素。由于天然裂缝和层理的存在，会导致地层非均质性增强，且其本身即为岩石力学性质薄弱面，因此，若其在地层中发育时，会造成地应力方向的变化。

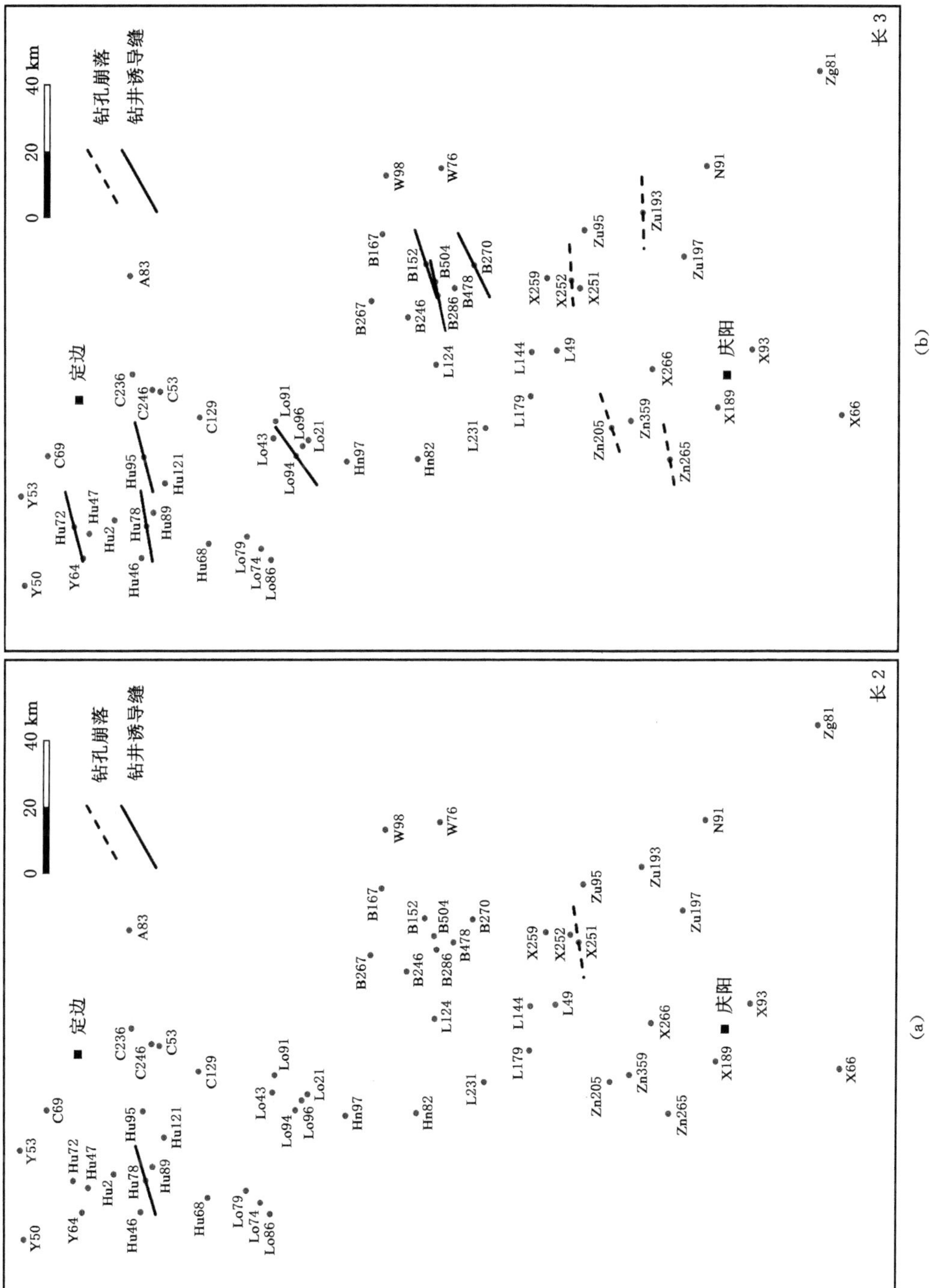

图 4-7　鄂尔多斯盆地延长组长 2 和长 3 油层组现今地应力方位图

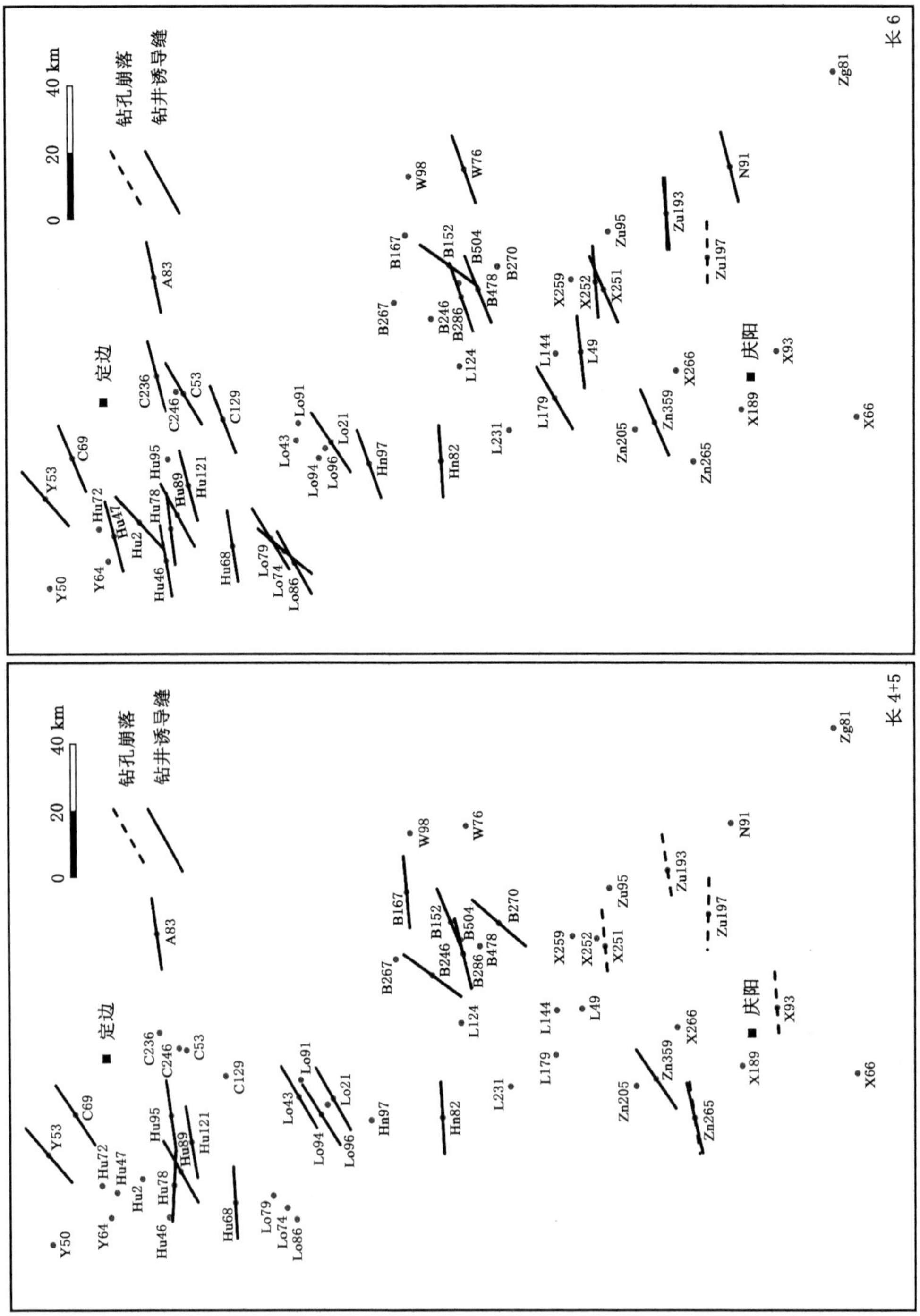

图 4-8 鄂尔多斯盆地延长组长 4+5 和长 6 油层组现今地应力方位图

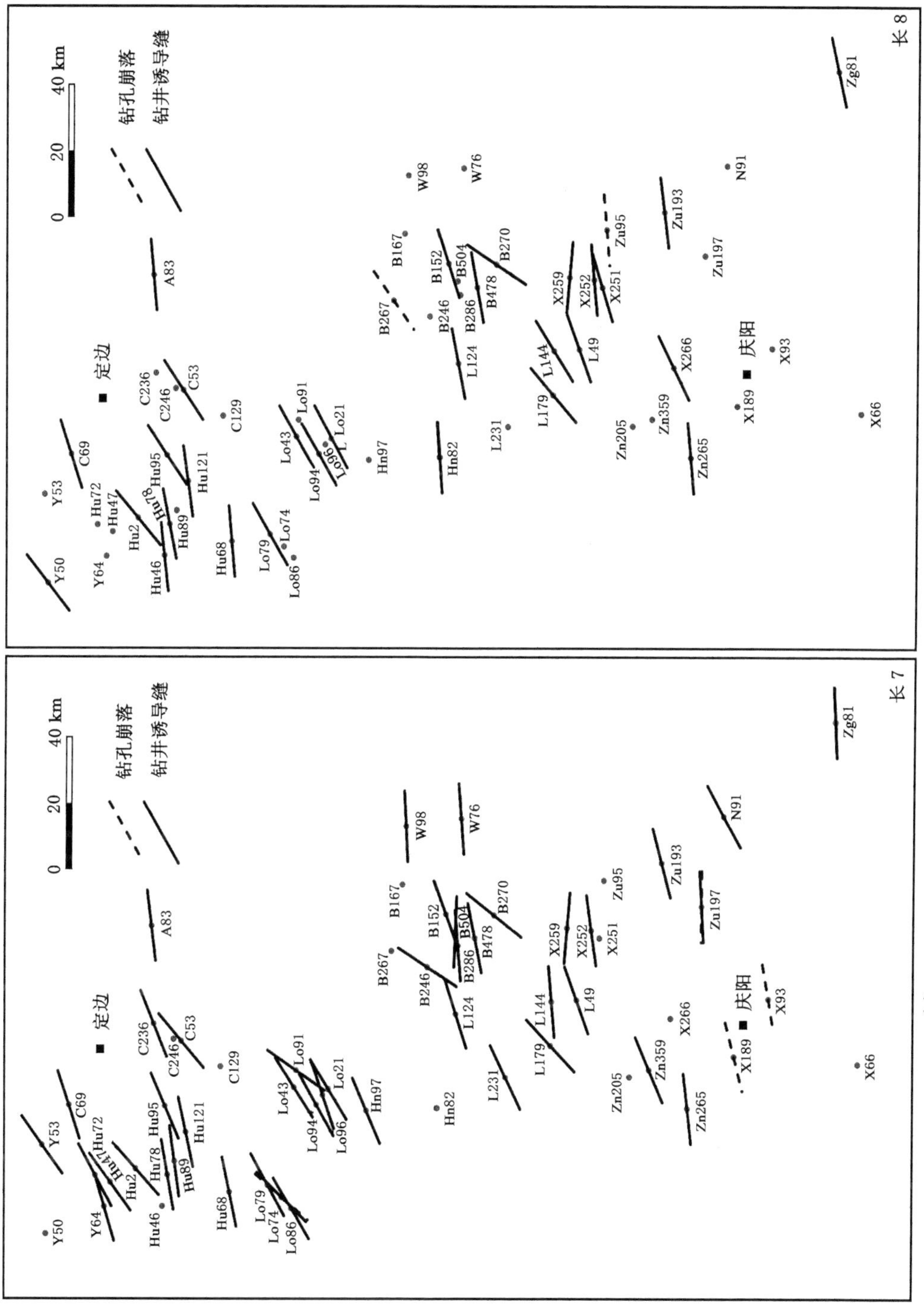

图 4-9　鄂尔多斯盆地延长组长 7 和长 8 油层组现今地应力方位图

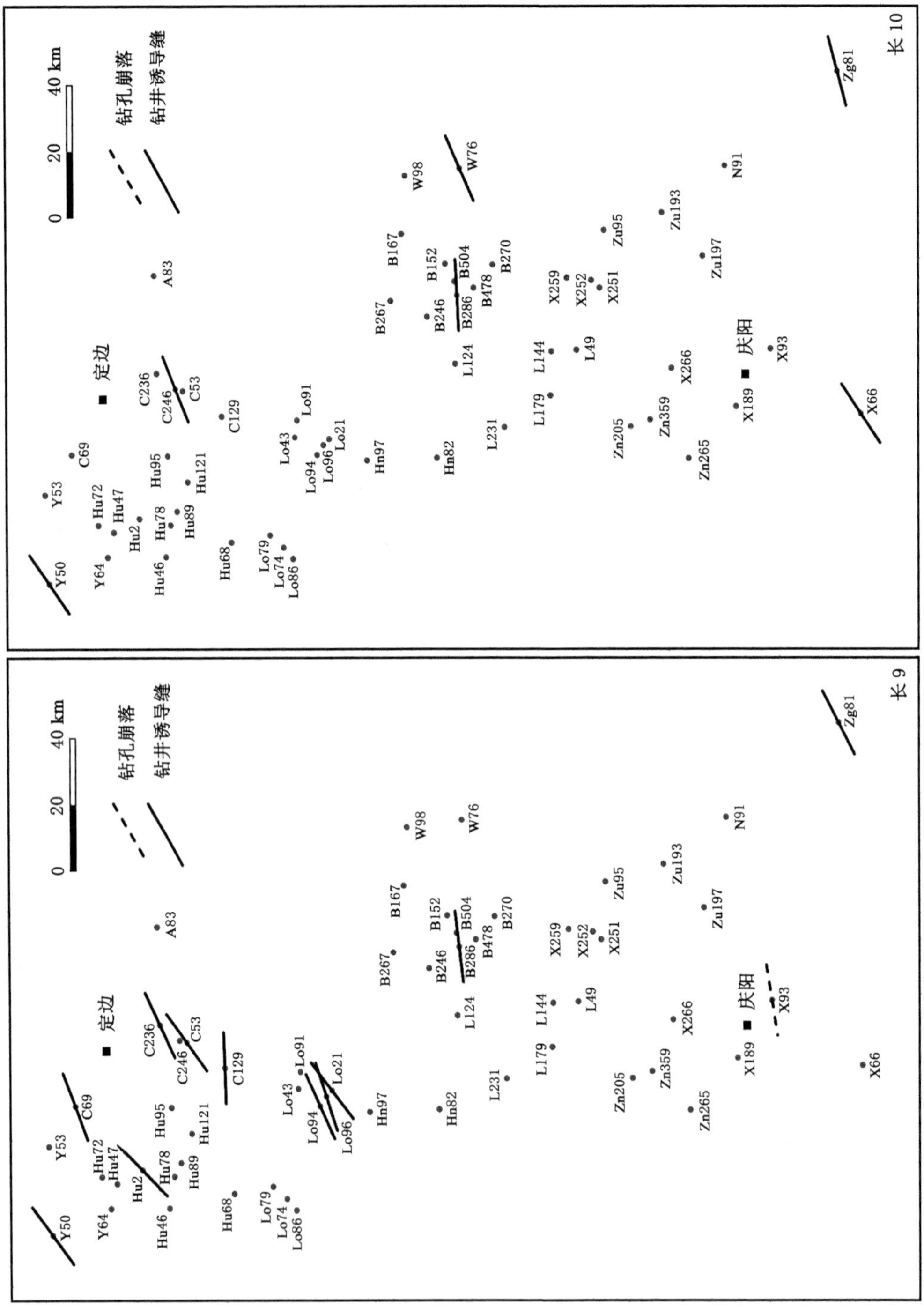

图 4-10 鄂尔多斯盆地延长组长9和长10油层组现今地应力方位图

图 4-11　鄂尔多斯盆地延长组钻孔崩落与钻井诱导缝随深度变化情况
(a) 钻孔崩落;(b) 钻孔诱导缝

4.1.3　波长法应力样式分析

由于应力方向的数据量较大,为查明其分布样式,目前多依据水平最大主应力的平均值,利用“统计插值法”进行分析(Coblentz et al.,1995;Muller et al.,2003;Heidbach et al.,2010;Reiter et al.,2014)。

波长法(Wavelength Analysis)是目前常用于分析应力样式的重要方法之一,其主要是计算一定网格大小(如世界应力图中使用 0.5°)内的平均水平最大主应力方向(S_m)及其标准偏差(s_o)。计算原理和流程如下:

某一网格内的 S_m 一般由该网格应力方向可信度与其距网格中心点的距离共同控制,因此,在利用波长法分析应力样式时,需要设定起始搜索半径和步长,且需限定计算启动的最小应力方向数据量。对于区域应力样式的研究,搜索半径可设定为 50～500 km,步长可设定为 50 km(Ziegler et al.,2017;图 4-12)。一般而言,参考世界应力图计划的方法,当应力方向可信度为 A 时,取 $w_q=1/15$,为 B 时,$w_q=1/20$,为 C 时,$w_q=1/25$,为 D 时,$w_q=1/40$(Heidbach et al.,2010;Ziegler et al.,2017)。距网格中心点距离的倒数设为 $w_d=\min(1/d,1/c)$,其中 d 为数据点距网格中心点的距离,c 为初始设定的临界距离,该值的设定主要是避免计算时出现无限循环。

S_m 与 s_o 的计算公式为(Mardia,1972):

$$S_m=\frac{\arctan 2(S,C)}{2}\text{mod } 180° \tag{4-1}$$

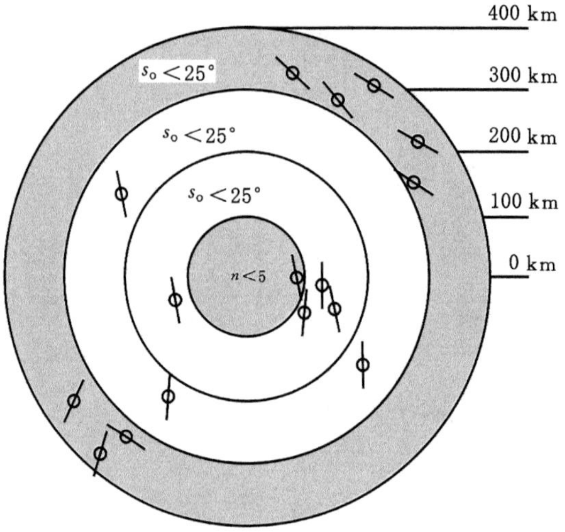

图 4-12　波长法应力样式分析搜索半径示意图(据 Ziegler et al.,2017)

$$s_o=\frac{\sqrt{-2\log_e R}}{2}\cdot\frac{180°}{\pi} \tag{4-2}$$

$$R=\sqrt{S^2+C^2} \tag{4-3}$$

$$C=\frac{1}{Z}\sum_{i=1}^{N}w_i\cos\ (2\theta_i) \tag{4-4}$$

$$S=\frac{1}{Z}\sum_{i=1}^{N}w_i\sin\ (2\theta_i) \tag{4-5}$$

$$Z=\frac{1}{Z}\sum_{i=1}^{N}w_i \tag{4-6}$$

$$w_i=w_q\cdot w_d \tag{4-7}$$

式中　w_q——应力方向的可信度；

w_d——距网格中心点距离的倒数；

N——网格内数据的数量；

θ——单个地应力方向；

w_i——权重系数。

在本次针对鄂尔多斯盆地延长组致密油区应力样式分析中，初始搜索半径设为 100 km，步长为 5 km，直到最大搜索半径时 $s_o<10°$，在此条件下，分析应力样式，如图 4-13 所示。总体上，研究区中北部波长相对较短，南部地区波长相对较长。

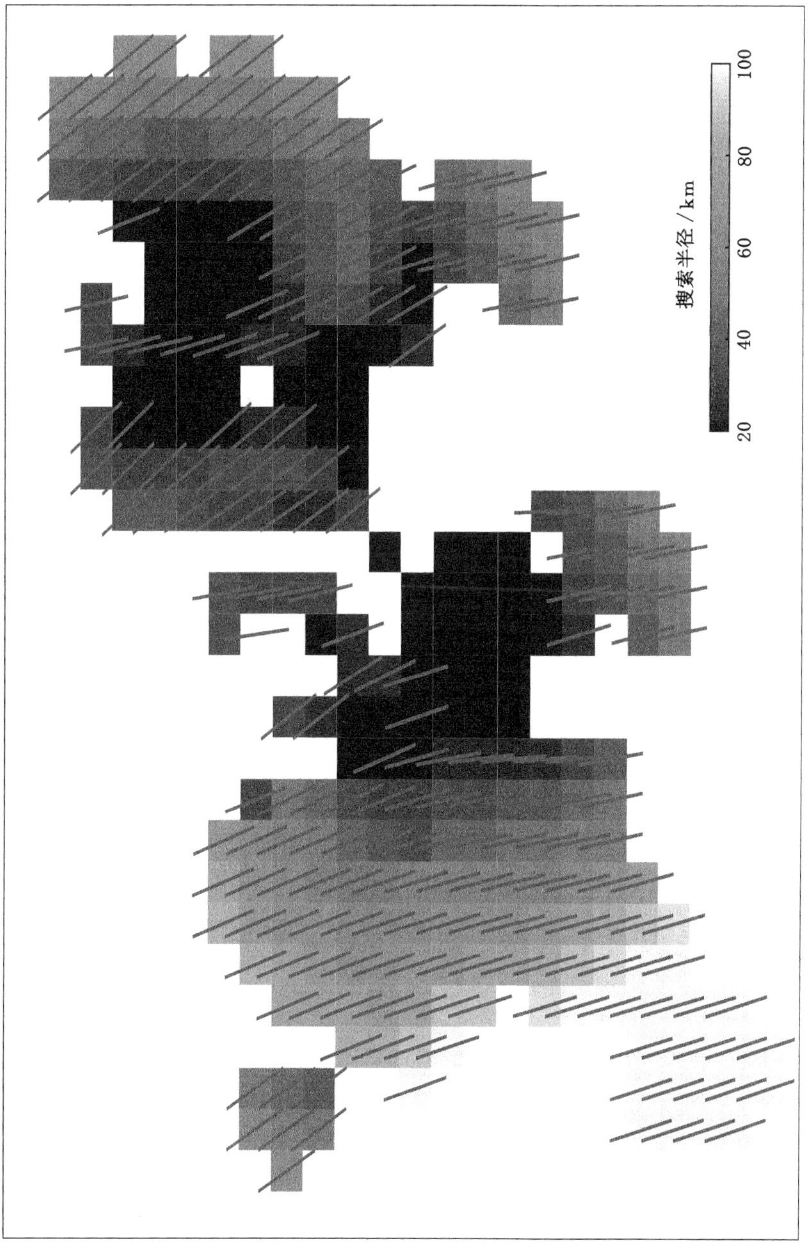

图 4-13　鄂尔多斯盆地致密油区延长组现今地应力样式图

4.2　延长组现今地应力大小特征

为获取鄂尔多斯盆地延长组致密油区现今地应力大小特征，可综合利用岩石声发射实验、差应变测试、测井资料估算以及数值模拟等多种方法进行研究。

4.2.1 地应力实验测试

4.2.1.1 岩石声发射法

以长庆靖安油田延长组长 6 油层组为例，采集岩芯样品，按声发射实验要求制备成标准试样，根据累计数曲线读取认为是地应力 Kaiser 效应的突破点（一般认为曲线上的最大弯曲点为 Kaiser 效应点），利用公式(3-15)～公式(3-17)计算水平地应力大小，垂向主应力用上覆岩层重力估算（表 4-4）。

表 4-4 鄂尔多斯盆地靖安油田地应力 Kaiser 效应测试结果（据李彦兴等，2009）

井名	深度/m	S_{Hmax}/MPa	S_{hmin}/MPa	S_v/MPa
ZJ1	1 644.35-1 644.58	34.0	23.0	46.0
ZJ4	1 782.18-1 782.27	34.5	23.2	49.0
ZJ5	1 887.97-1 888.10	38.0	25.8	45.7
ZJ6	1 765.13-1 765.23	38.0	30.0	47.0
ZJ11	1 986.27-1 986.43	35.0	29.0	45.0
ZJ16	1 704.59-1 704.88	30.0	25.2	41.0
ZJ28	1 781.21-1 781.39	32.2	19.6	43.9
ZJ30	1 878.64-1 878.86	33.0	24.0	52.0
ZJ39	1 894.40-1 894.68	29.8	23.5	32.0
ZJ51	1 752.69-1 752.82	35.0	27.0	43.5
ZJ54	1 692.31-1 692.65	36.0	22.0	42.0
ZJ60	1 823.72-1 823.89	33.0	23.0	41.0
ZJ65	1 773.28-1 773.51	37.0	31.0	42.5
ZJ70	1 672.15-1 672.43	27.0	19.0	38.0
ZJ73	1 664.79-1 664.97	25.2	19.4	39.0
XP4	1 681.93-1 682.10	38.0	21.0	41.5
XP9	1 678.55-1 678.80	30.5	24.3	39.0
XP16	1 642.36-1 642.61	28.8	18.0	40.0
XP17	1 921.45-1 921.60	30.6	22.8	43.5

注：S_{Hmax}为水平最大主应力，S_{hmin}为水平最小主应力，S_v 为垂向主应力。

鄂尔多斯盆地靖安油田延长组长 6 油层组内的垂向主应力为 32.0～52.0 MPa，水平最大和最小主应力分别为 30.0～38.0 MPa 和 18.0～31.0 MPa（表 4-4），地应力梯度为 0.011 0～0.017 5 MPa/m，平均值为 0.013 5 MPa/m，可见，整体上呈现正断型应力机制，即 $S_v > S_{Hmax} > S_{hmin}$。

由平面分布规律可知，在 ZJ5、ZJ6 和 ZJ65 井区，延长组长 6 油层组的水平最大和最小主应力较大（图 4-14），应力集中。

4.2.1.2 差应变法

以鄂尔多斯盆地泾河油田延长组为例，利用差应变法[公式(3-25)]计算地应力大小（表 4-5）。

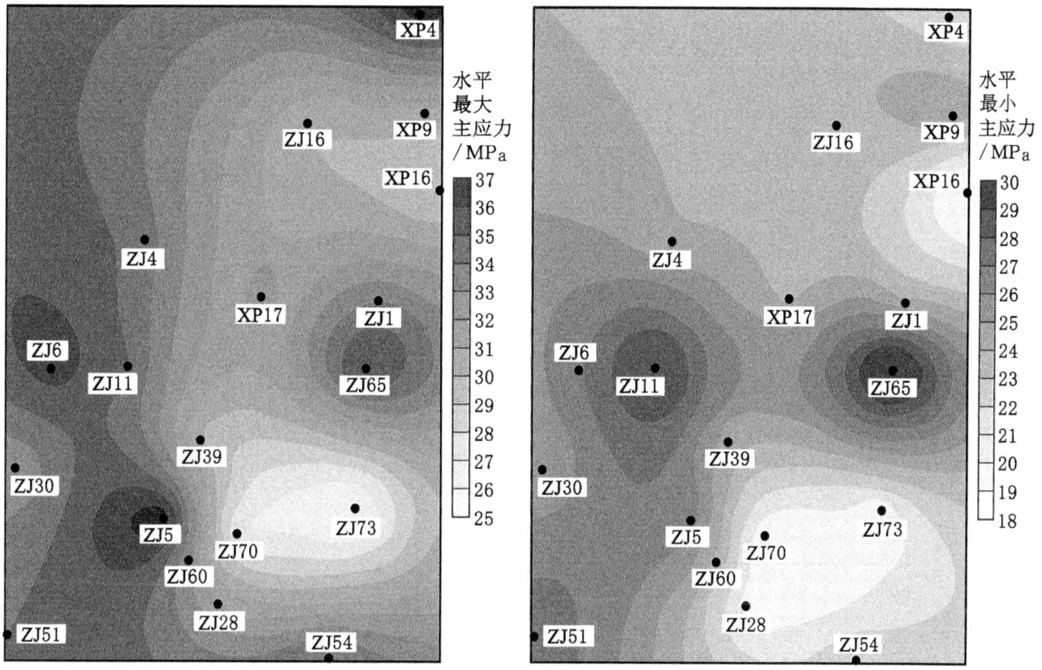

图 4-14　鄂尔多斯盆地靖安油田延长组长 6 油层组水平最大和最小主应力分布图

表 4-5　鄂尔多斯盆地泾河油田延长组地应力差应变测试结果(据王越等,2014)

井名	层位	深度/m	S_{Hmax}/MPa	S_{hmin}/MPa	S_v/MPa
JH13	长 6	1 316.40-1 316.50	34.32	20.68	36.76
JH13	长 7	1 354.14-1 355.97	35.90	25.73	32.74
JH4	长 7	1 395.94-1 396.07	30.16	23.84	36.32
JH4	长 7	1 380.91-1 381.04	28.16	21.84	38.23
JH8	长 8	1 361.76-1 361.89	28.83	23.17	34.76
JH2	长 8	1 423.90-1 424.09	36.00	24.00	38.87

注:S_{Hmax}为水平最大主应力,S_{hmin}为水平最小主应力,S_v 为垂向主应力。

由此可见,鄂尔多斯盆地泾河油田延长组长 6～长 8 油层组的地应力整体上也表现为 $S_v > S_{Hmax} > S_{hmin}$,即现今地应力属于正断型应力机制。

基于岩石声发射、差应变等地应力测试,分析现今地应力随深度变化的特征,总体显示出线性变化的规律(图 4-15):

$$S_{Hmax} = 0.019\,4 \cdot h - 1.892\,5 \quad (R = 0.85) \tag{4-8}$$

$$S_{hmin} = 0.016\,5 \cdot h - 4.156\,3 \quad (R = 0.80) \tag{4-9}$$

式中　S_{Hmax},S_{hmin}——水平最大和最小主应力;

h——埋藏深度;

R——相关系数。

在此基础上,计算鄂尔多斯盆地延长组现今地应力侧压系数介于 0.54～0.80,平均值为

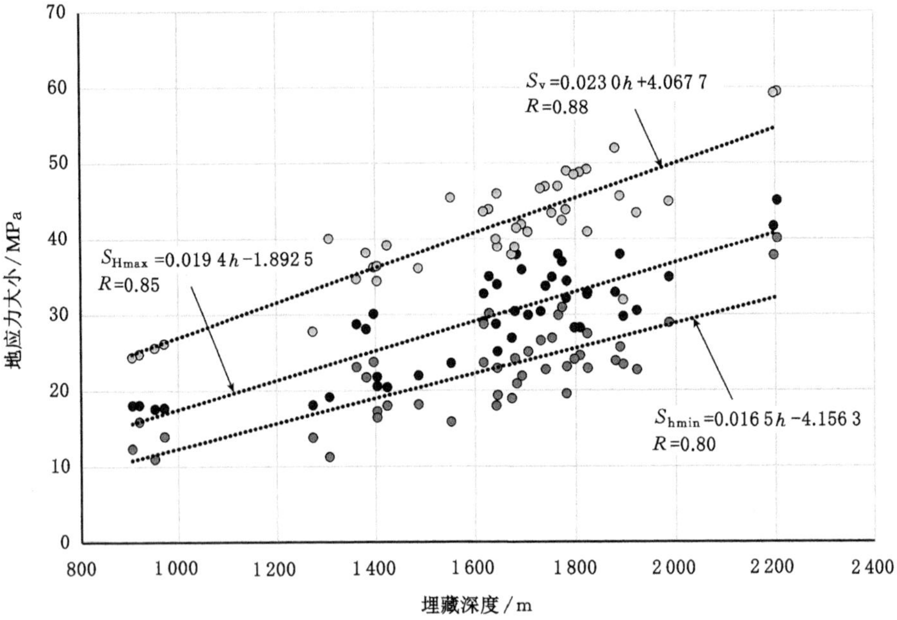

图 4-15 鄂尔多斯盆地延长组水平主应力随深度变化规律

（S_v、S_{Hmax}与S_{hmin}分别为垂向、水平最大和最小主应力，h 为埋藏深度，R 为相关系数）

0.67，表明鄂尔多斯盆地致密油区地应力以上覆压力占主导。

4.2.2 水力压裂法确定地应力

以鄂尔多斯盆地长武区块延长组为例，利用区内 8 口井的压裂资料分析现今地应力(表4-6)。利用水力压裂法计算地应力时，压裂液密度为 1 350 kg/m^3，重力加速度取 9.8 N/kg，岩石密度取 2 500 kg/m^3。结果表明，长武区块内延长组最大主应力在 27.07～45.50 MPa 范围内，中间主应力为 14.72～23.70 MPa，最小主应力在 11.32～18.18 MPa 范围内。对比估算的垂向主应力与最大、中间和最小主应力，可发现 $\sigma_1 \approx S_v$ 且 σ_3 恒小于 S_v(表4-6)，说明区内的最小主应力为水平应力，而最大主应力为垂向主应力，也即鄂尔多斯盆地长武区块延长组现今地应力属于正断型应力机制。

表 4-6 鄂尔多斯盆地长武区块延长组地应力估算结果

井名	层位	深度/m	瞬时停泵压力/MPa	孔隙压力/MPa	延伸压力/MPa	破裂压力/MPa	抗张强度/MPa	σ_1/MPa	σ_2/MPa	σ_3/MPa	S_v/MPa
W4	长 6	1 272.5	9.9	12.87	13.4	30.0	3.5	27.87	18.12	13.87	31.18
W5	长 7	1 379.9	12.7	14.16	17.3	23.0	4.6	35.20	17.87	16.80	33.81
W5	长 8	1 403.0	13.7	14.98	18.5	34.0	4.8	36.48	21.89	17.28	34.37
W7	长 8	1 337.7	11.5	14.93	14.7	20.3	3.2	27.07	14.72	14.27	32.77
W7	长 10	1 564.5	11.2	15.07	16.8	22.8	5.6	39.23	18.81	16.83	38.33
W9	长 6	1 599.1	11.7	16.41	16.9	22.7	5.2	37.25	18.25	16.45	39.18

表 4-6(续)

井名	层位	深度/m	瞬时停泵压力/MPa	孔隙压力/MPa	延伸压力/MPa	破裂压力/MPa	抗张强度/MPa	σ_1/MPa	σ_2/MPa	σ_3/MPa	S_v/MPa
W10	长 7	1 403.0	13.0	15.08	17.5	32.0	4.5	34.48	20.66	16.48	34.37
W10	长 8	1 485.5	15.0	16.47	19.5	34.5	4.5	36.18	22.06	18.18	36.39
W14	长 10	1 306.5	7.7	13.66	14.9	24.7	7.2	40.12	19.21	11.32	32.01
W101	长 7	1 551.8	11.2	15.83	18.6	33.0	7.4	45.50	23.70	15.90	38.02
W102	长 7	1 422.9	14.0	14.79	19.3	27.6	5.3	39.23	20.51	18.03	34.86

注：σ_1 为最大主应力，σ_2 为中间主应力，σ_3 为最小主应力，S_v 为垂向主应力。

4.2.3　地应力测井资料估算

4.2.3.1　*岩石力学性质*

岩石力学参数与岩体中赋存的地应力存在着密切关系。延长组岩性组合存在差异，因此，岩石力学性质具有非均质性，进而会直接影响应力分布和岩石变形行为(鞠玮等，2014a)。在利用测井资料进行地应力估算时，首先需利用测井曲线计算岩石力学参数，常用的参数包括杨氏模量、泊松比、剪切模量、Biot 系数等。其中，杨氏模量和泊松比是计算岩石力学参数和地应力最重要的基础岩石力学参数，一般可以通过岩石力学实验获取其静态数值(表 4-7)，也可以通过纵横波时差和密度测井曲线计算获取[公式(3-18)和公式(3-20)]，而其他岩石力学参数可通过杨氏模量和泊松比进行计算获取[公式(3-19)，公式(3-21)～公式(3-24)]。

表 4-7　鄂尔多斯盆地陇东地区延长组岩石力学参数实测数据表

样品编号	层位	岩性	深度/m	杨氏模量/GPa	泊松比
L231	长 7	粉砂质泥岩	2 039.76-2 039.96	26.971	0.229
X261	长 7	粉砂岩	2 099.15-2 099.20	23.684	0.195
Zu24	长 7	粉砂岩	1 912.28-1 912.38	32.065	0.304
L189	长 7	细砂岩	2 158.47-2 158.60	22.613	0.302
M28	长 7	细砂岩	2 274.70-2 274.80	24.615	0.241
M40	长 7	细砂岩	2 224.90-2 225.00	25.114	0.237
N76	长 7	细砂岩	1 722.27-1 722.35	24.868	0.270
N78	长 7	细砂岩	1 625.65-1 625.75	25.000	0.305
S142	长 7	细砂岩	2 033.85-2 033.95	33.333	0.268
W67	长 7	细砂岩	2 045.33-2 045.45	26.425	0.254
Zg70	长 7	细砂岩	1 562.60-1 562.70	21.771	0.317
Zu15	长 7	细砂岩	2 013.85-2 014.00	32.240	0.284
Zu87	长 7	细砂岩	1 978.20-1 978.25	35.000	0.295
Zu230	长 7	细砂岩	1 722.80-1 722.88	23.000	0.215
B522	长 7	泥岩	1 924.20-1 924.40	21.693	0.315
Zn284	长 7	粉砂岩	2 095.10-2 095.20	24.194	0.258

表 4-7(续)

样品编号	层位	岩性	深度/m	杨氏模量/GPa	泊松比
L79	长 7	细砂岩	2 292.25-2 292.30	26.667	0.342
N78	长 7	细砂岩	1 675.30-1 675.40	23.984	0.260
W98	长 7	细砂岩	1 967.65-1 967.75	31.500	0.270
X65	长 7	细砂岩	1 734.55-1 734.66	26.744	0.227
X67	长 7	细砂岩	1 757.30-1 757.38	21.762	0.244
X69	长 7	细砂岩	1 886.85-1 886.95	28.736	0.241
Zn77	长 7	细砂岩	2 271.80-2 271.90	28.502	0.242
Zn298	长 7	细砂岩	2 411.00-2 411.05	24.752	0.307
Zu230	长 7	细砂岩	1 736.55-1 736.60	26.042	0.313
B36	长 7	中砂岩	2 475.95-2 476.05	45.732	0.293

由于地下的钻孔井壁围岩处于三向应力状态，所以实验测定岩石力学参数时不能采用简单的单轴岩石力学实验，而必须在一定的围压作用下进行三轴实验。

据实验获取的应力-应变曲线，即可利用下列公式确定杨氏模量和泊松比：

$$E=\frac{\Delta\sigma}{\Delta\varepsilon_1} \tag{4-10}$$

$$\mu=-\frac{\Delta\varepsilon_2}{\Delta\varepsilon_1} \tag{4-11}$$

式中 E——岩石的杨氏模量；

μ——岩石的泊松比；

$\Delta\sigma$——应力增量；

$\Delta\varepsilon_1$——轴向应变增量；

$\Delta\varepsilon_2$——径向应变增量。

应当注意的是，在依据实验结果确定杨氏模量和泊松比时，应取其应力-应变曲线的弹性变形阶段，否则将会导致实验误差。

动静岩石力学参数一般存在一定差值，动态杨氏模量普遍大于静态杨氏模量，但动静泊松比互有大小。通常情况下，动静岩石力学参数之间数值接近，可相互转换，静态参数能够约束和标定基于测井资料获取的动态岩石力学参数。

实际计算时需要用到纵波和横波时差测井资料，但并非每口井都会测有横波时差数据，因此需要构建所研究区的横波时差数据(高奎，2016)。通常，在没有全波列测井和缺乏横波时差资料时，可以通过纵波时差和岩石密度转换得到横波时差数据，常用的经验公式包括以下两种：

$$\Delta t_s=\frac{\rho\Delta t_p^2}{X\Delta t_p+Y\rho+Z} \tag{4-12}$$

$$\Delta t_s=\frac{\Delta t_p}{\left[1-1.15\dfrac{(1/\rho)+(1/\rho)^3}{e^{1/\rho}}\right]^{1.5}} \tag{4-13}$$

式中　Δt_s，Δt_p——岩石横波时差与纵波时差；

ρ——岩石的体积密度；

X，Y，Z——经验系数，不同地区其取值各异，需要根据全波列测井或偶极子声波测井中提取相关参数建立方程，进而求解获取。

当然，在存在有限全波列测井数据时，也可以采用多元拟合的方式，建立横波时差与其他测井曲线之间的关系，进而求取横波时差。

4.2.3.2　孔隙压力

由地应力测井计算模型(表 3-3)可见，孔隙压力是其中一个重要的参数。一般而言，如果储层岩石孔隙空间的流体压力低于静水压力，则称为低压或负压(段毅等，2014)。国内一般将压力系数为 0.90～1.10 视为正常压力，小于 0.90 为低压，小于 0.75 为超低压(杜栩等，1995)。实测延长组孔隙压力表明，延长组平均压力系数介于 0.70～0.83 范围内，总体属于超低压油藏(李士祥等，2013；段毅等，2014)。

目前，基于测井资料计算孔隙压力的方法主要包括等效深度法、伊顿法和有效应力法(谭廷栋，1990)，前两种方法都是在同一地质环境下，根据纯泥岩地层孔隙压力与孔隙率间的内在联系而建立的，均需要构建地层正常压实趋势线，基本原理类似。其中，伊顿法综合考虑了除压实作用以外其他异常压力的形成机制，实用性较强，本次研究采用基于声波时差的伊顿法计算孔隙压力。

伊顿法计算地层孔隙压力的公式如下(Eaton，1972)：

$$P_o = S_v - (S_v - P)\left(\frac{\Delta t_{\text{normal}}}{\Delta t}\right)^n \tag{4-14}$$

式中　P_o——孔隙压力；

S_v——垂向主应力；

P——静水压力；

Δt_{normal}，Δt——某一深度点正常压实曲线上的纵波时差和地层实测纵波时差。

4.2.3.3　鄂尔多斯盆地陇东地区地应力

陇东位于甘肃省的最东部，是陕、甘、宁三省区的交汇处，该区是鄂尔多斯盆地延长组致密油最重要的富集区之一。利用鄂尔多斯盆地陇东地区已有的横波时差、纵波时差和自然伽马测井曲线，构建区内横波时差计算公式为：

$$DTS = 2.142\ 8DTC + 0.048\ 7GR - 25.568\ 0 \tag{4-15}$$

式中　DTS，DTC——横波时差和纵波时差；

GR——自然伽马测井。

对陇东地区而言，动静岩石力学参数转换关系式为：

$$\mu_s = 1.580\ 9\mu_d - 0.088\ 0 \tag{4-16}$$

$$E_s = 0.131\ 6E_d + 19.570\ 0 \tag{4-17}$$

式中　μ_s，μ_d——岩石静态和动态泊松比；

E_s，E_d——岩石静态和动态杨氏模量；

R——相关系数。

本次研究中，基于组合弹簧地应力计算模型，在实测地应力约束下，反推公式中的水平最大(ε_H)和最小(ε_h)主应变，其平均值分别为 $\varepsilon_H = 0.571\ 7$ 和 $\varepsilon_h = 0.281\ 1$。因此，鄂尔多斯盆地陇东地区水平主应力的计算公式为：

$$S_{\mathrm{Hmax}}=\frac{\mu}{1-\mu}(S_{\mathrm{v}}-\alpha P_{\mathrm{o}})+\alpha P_{\mathrm{o}}+\frac{0.571\ 7E}{1-\mu^2}+\frac{0.281\ 1\mu E}{1-\mu^2} \tag{4-18}$$

$$S_{\mathrm{hmin}}=\frac{\mu}{1-\mu}(S_{\mathrm{v}}-\alpha P_{\mathrm{o}})+\alpha P_{\mathrm{o}}+\frac{0.281\ 1E}{1-\mu^2}+\frac{0.571\ 7\mu E}{1-\mu^2} \tag{4-19}$$

式中 S_{Hmax}，S_{hmin}，S_{v}——水平最大、最小主应力和垂向主应力；

P_{o}——孔隙压力；

α——Biot 系数；

μ——岩石泊松比；

E——岩石杨氏模量。

利用上述公式，对陇东地区延长组长 7 油层组计算地应力大小，构建现今地应力剖面（图 4-16）。由图 4-16 可见，陇东地区长 7 油层组现今地应力随着埋藏深度的增加而增大；整体上，水平最大、最小主应力和垂向主应力之间遵循 $S_{\mathrm{v}} \geqslant S_{\mathrm{Hmax}} > S_{\mathrm{hmin}}$ 的关系，呈现为正断型应力机制。

按照上述方法计算鄂尔多斯盆地内不同钻井的现今地应力剖面，统计延长组长 71、长 72 和长 73 段现今地应力平均值（图 4-17～图 4-19），结果表明：

① 延长组长 71 段内水平最大主应力介于 26～46 MPa，水平最小主应力大小为 21～38 MPa，垂向主应力分布于 22～62 MPa 范围内（图 4-17）。

② 延长组长 72 段内水平最大主应力介于 27～46 MPa，水平最小主应力大小为 22～40 MPa，垂向主应力分布于 24～64 MPa 范围内（图 4-18）。

③ 延长组长 73 段内水平最大主应力介于 24～47 MPa，水平最小主应力大小为 21～43 MPa，垂向主应力分布于 24～64 MPa 范围内（图 4-19）。

④ 延长组长 71～长 73 段内现今地应力分布在研究区域内均呈现为"西北高、东南低"的特征（图 4-17～图 4-19）。

另外，高奎（2016）基于 Newberry 模型计算的延长组现今地应力，建立陇东地区延长组长 6～长 8 油层组现今地应力剖面（图 4-20 和图 4-21），其结果亦表明陇东地区延长组现今地应力呈现正断型应力机制，即 $S_{\mathrm{v}} > S_{\mathrm{Hmax}} > S_{\mathrm{hmin}}$，垂向主应力为最大主应力（表 4-8）。

表 4-8 鄂尔多斯盆地陇东地区长 6～长 8 油层组地应力梯度（据高奎，2016）

层位	实验数据			测井计算		
	垂向主应力 /(MPa/100 m)	水平最大主应力 /(MPa/100 m)	水平最小主应力 /(MPa/100 m)	垂向主应力 /(MPa/100 m)	水平最大主应力 /(MPa/100 m)	水平最小主应力 /(MPa/100 m)
长 6	2.40	1.95	1.60	2.42	1.84	1.56
长 7	2.30	1.84	1.60	2.34	1.85	1.56
长 8	2.30	1.90	1.60	2.31	1.87	1.58

4.2.3.4 鄂尔多斯盆地陕北定边地区地应力

基于三轴岩石力学实验与测井数据，陕北定边地区延长组长 7 油层组动静岩石力学参数转换关系式为：

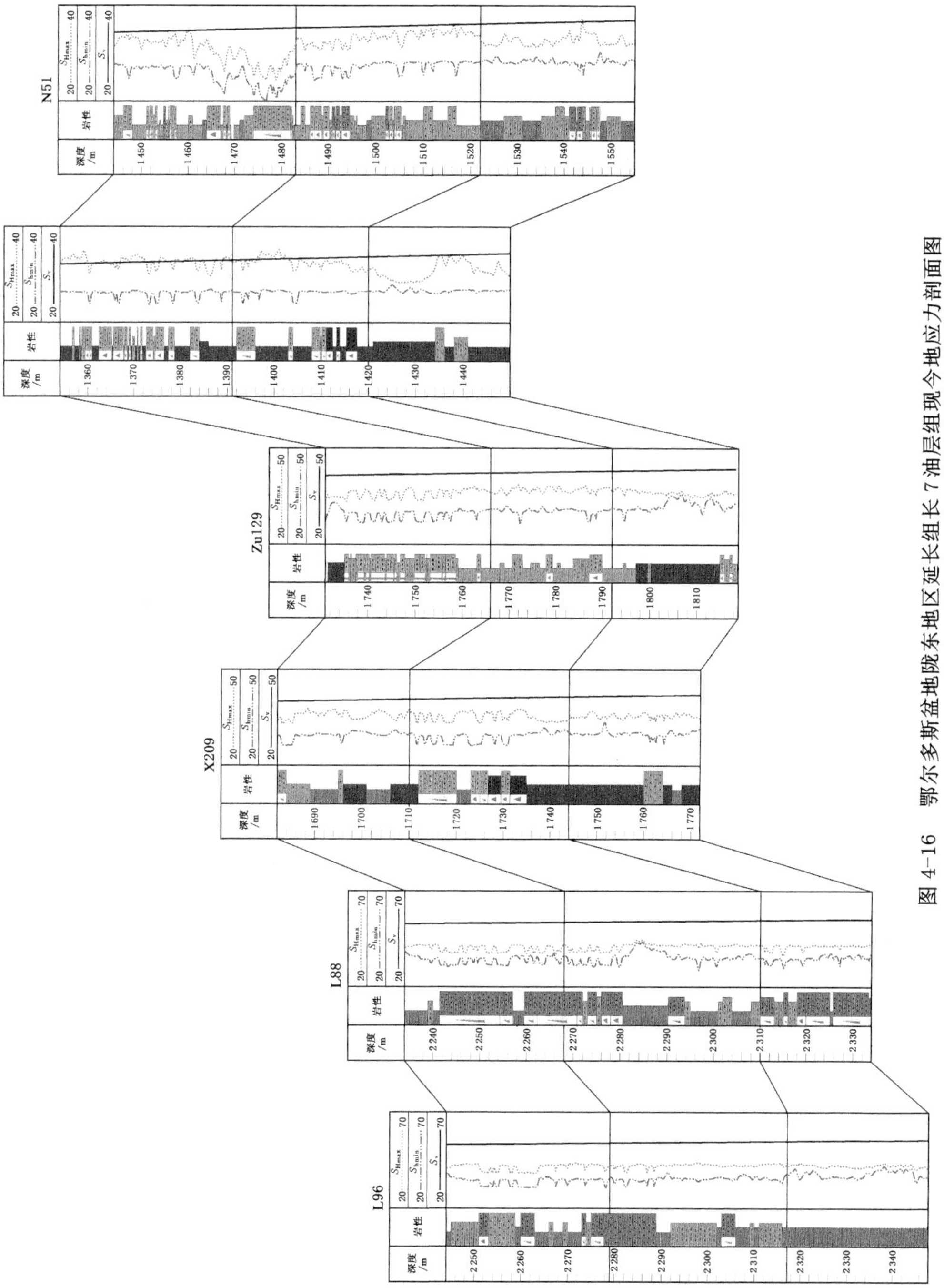

图 4-16　鄂尔多斯盆地陇东地区延长组长 7 油层组现今地应力剖面图

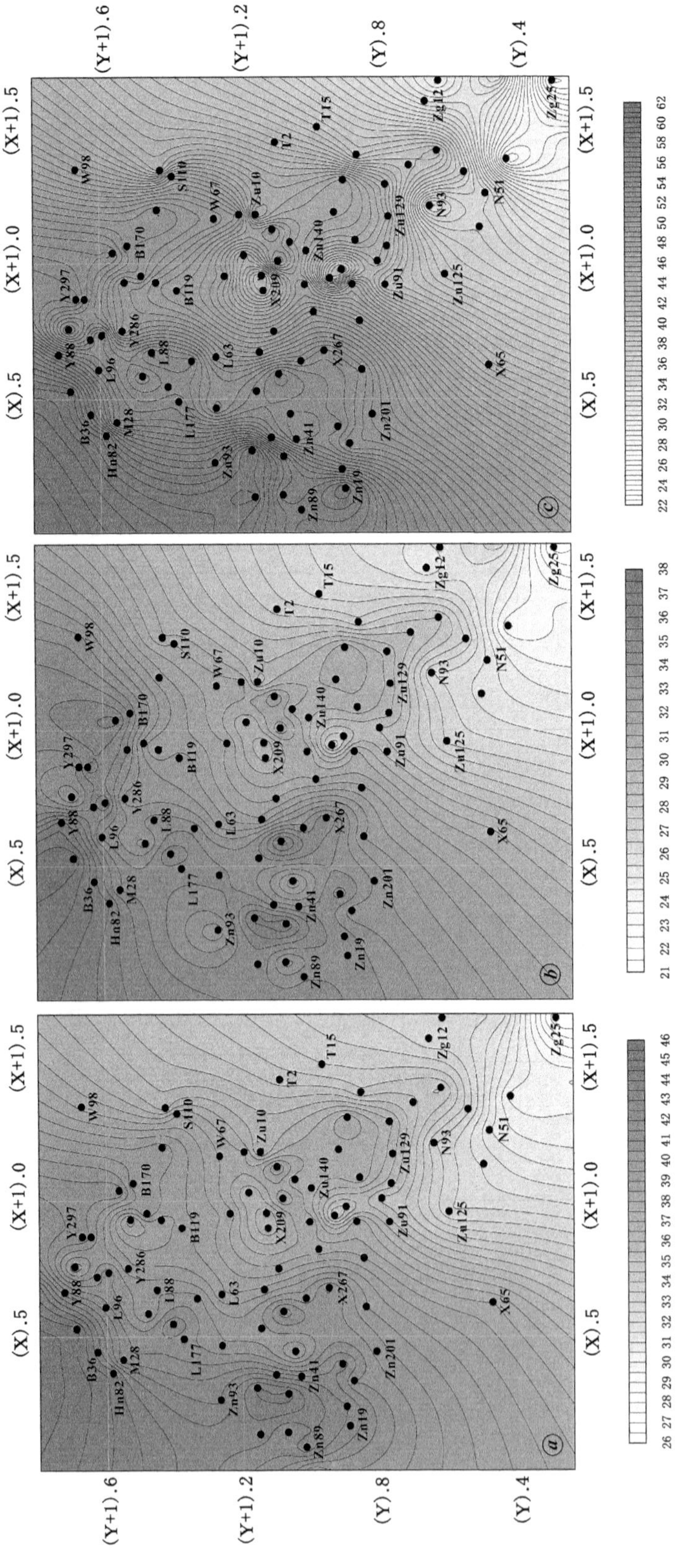

图 4-17 鄂尔多斯盆地延长组长 7_1 段现今地应力平面分布图（应力单位：MPa）

（a）水平最大主应力；（b）水平最小主应力；（c）垂向主应力

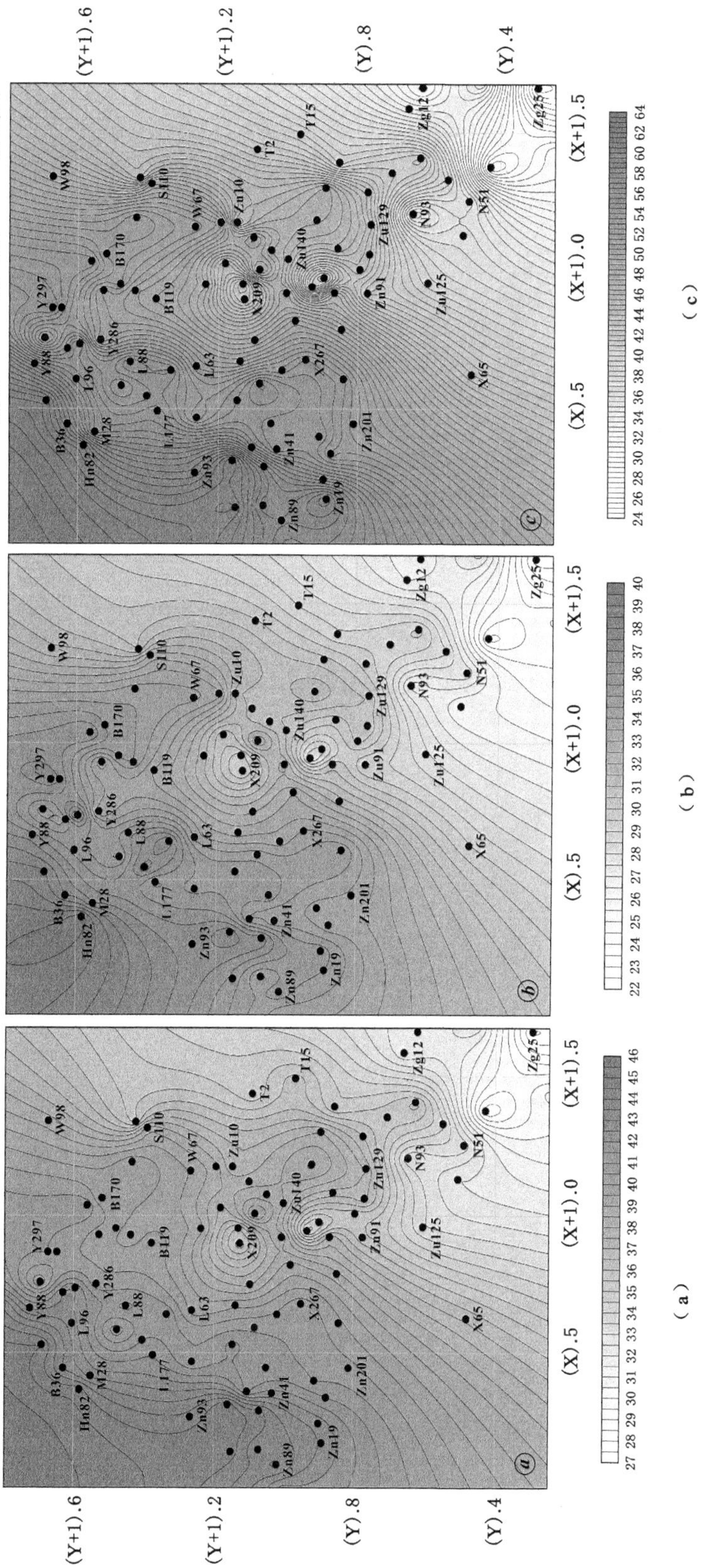

图 4-18　鄂尔多斯盆地延长组长 7_2 段现今地应力平面分布图（应力单位：MPa）

（a）水平最大主应力；（b）水平最小主应力；（c）垂向主应力

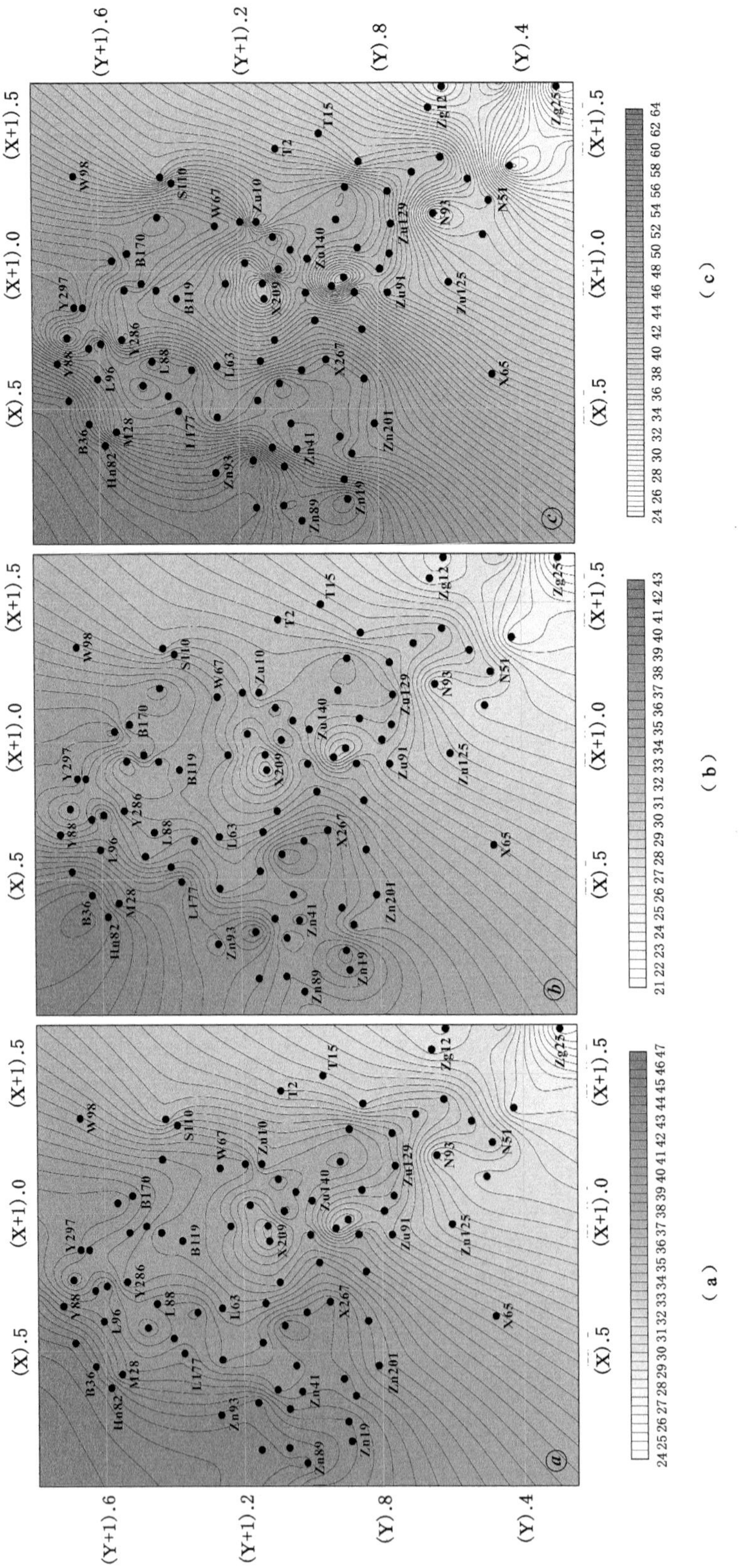

图 4-19　鄂尔多斯盆地延长组长 7_3 段现今地应力平面分布图（应力单位：MPa）

（a）水平最大主应力；（b）水平最小主应力；（c）垂向主应力

$$\mu_s = 5.326\ 0\mu_d - 1.424\ 5 \quad (R^2 = 0.794\ 1) \tag{4-20}$$

$$E_s = 2.657\ 2E_d - 65.683\ 0 \quad (R^2 = 0.768\ 3) \tag{4-21}$$

式中　μ_s,μ_d——岩石静态和动态泊松比；

E_s,E_d——岩石静态和动态杨氏模量；

R——相关系数。

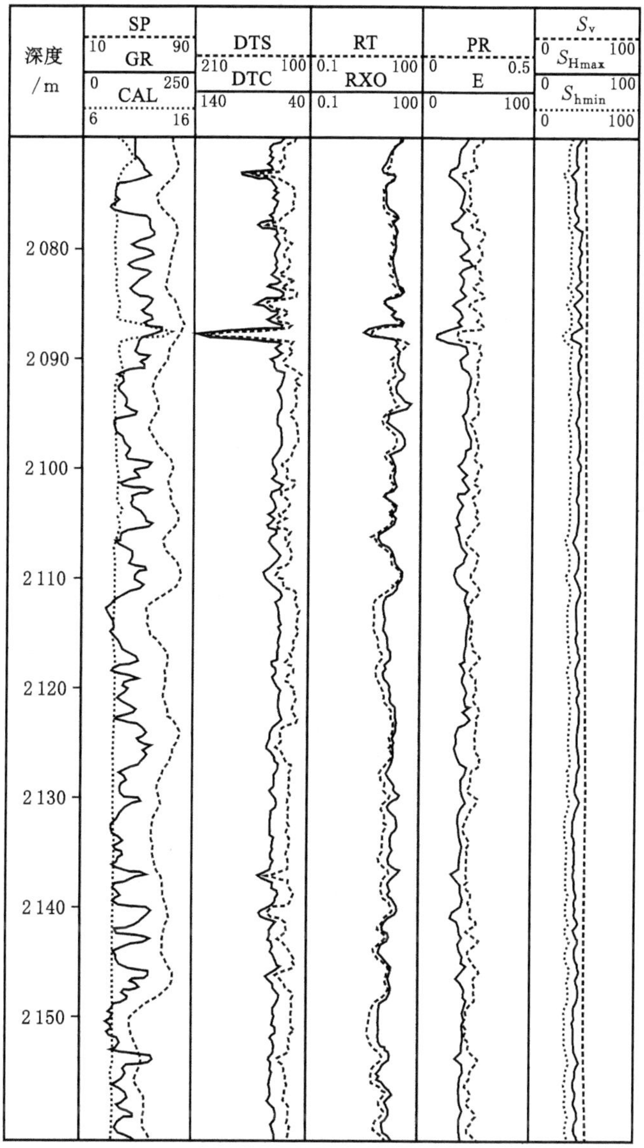

SP—自然电位(mv);GR—伽马(API);CAL—井径(inch);DTS—横波时差(us/ft);DTC—纵波时差(us/ft);

RT—原状地层电阻率(ohm.m);RXO—冲洗带电阻率(ohm.m);PR—泊松比;E—杨氏模量(GPa);

S_{Hmax}、S_{hmin}和 S_v 为水平最大、最小和垂向主应力(MPa)。

图 4-20　鄂尔多斯盆地镇 215-2 井测井解释岩石力学参数与地应力剖面图

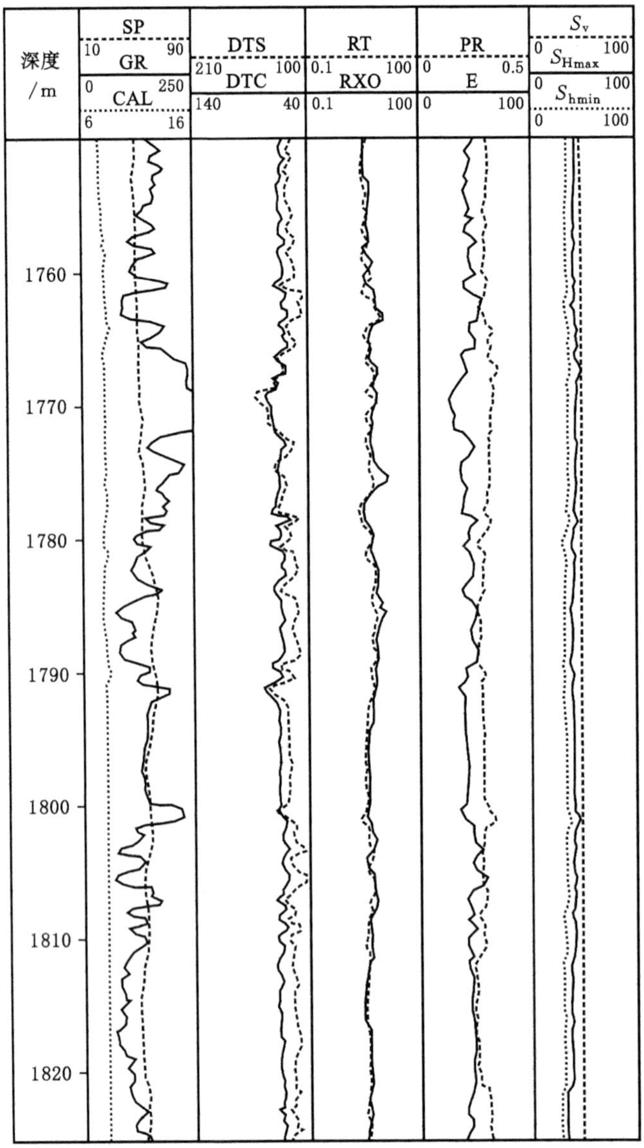

图 4-21　鄂尔多斯盆地庄平 20-2 井测井解释岩石力学参数与地应力剖面图

(图中符号指示意义同图 4-20)

综合考虑陕北定边地区的地质特征，选取黄氏经验模型计算区内延长组长 7 油层组现今地应力，建立其地应力剖面(图 4-22)。由图 4-22 可见，陕北定边地区延长组现今地应力也表现为正断型应力机制($S_v > S_{Hmax} > S_{hmin}$)，垂向主应力为最大主应力。

从区域分布上而言，定边地区延长组长 7_1 段水平最大主应力集中在 46～54 MPa，长 7_2 段水平最大主应力在 44～52 MPa 范围内，整体上长 7_1 段和 7_2 段高应力值均主要分布在东北部、西部和南部，低值区域主要集中于西北-东南的中间部分，呈现由东北部、西部和南部向中间变小的特征(图 4-23)。

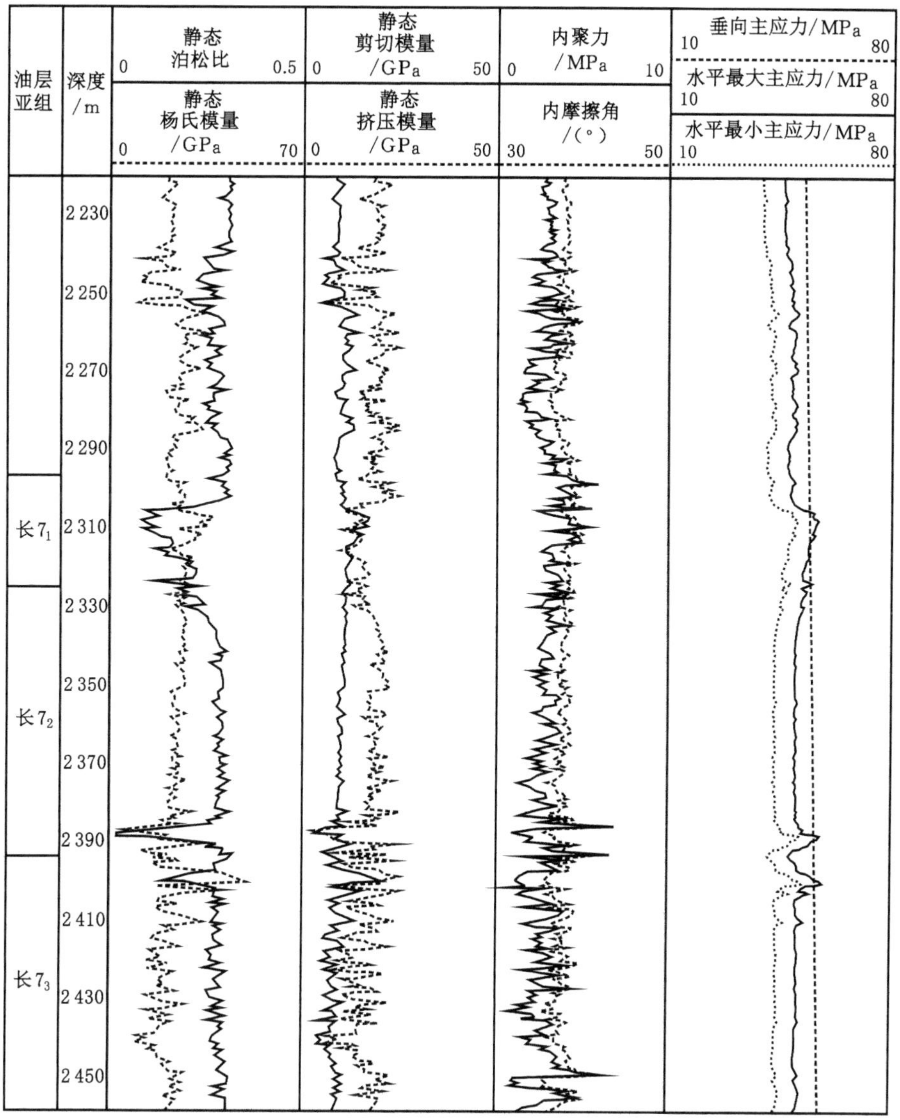

图 4-22　鄂尔多斯盆地定 4525-1 井岩石力学参数与地应力测井解释图(据徐海强,2018)

延长组长 7_1 段水平最小主应力集中在 40～46 MPa,长 7_2 段水平最小主应力在 39～45 MPa 范围内,整体上长 7_1 段和 7_2 段高应力值均主要分布在东北部和西南部,表现为由东北部和西南部向中间变小的特征(图 4-24)。

4.2.4　地应力大小影响因素分析

4.2.4.1　埋藏深度

为了量化分析埋藏深度与现今地应力数值之间的关系,以陇东地区为例,对所研究的钻井均分别取延长组长 7_1 段顶、长 7_2 段顶和长 7_3 段顶深度处的地应力值,建立起地应力大小与其对应埋藏深度之间的关系。结果可见,整体上现今地应力数值随着埋藏深度的增加具有线性增大的规律(图 4-25)。

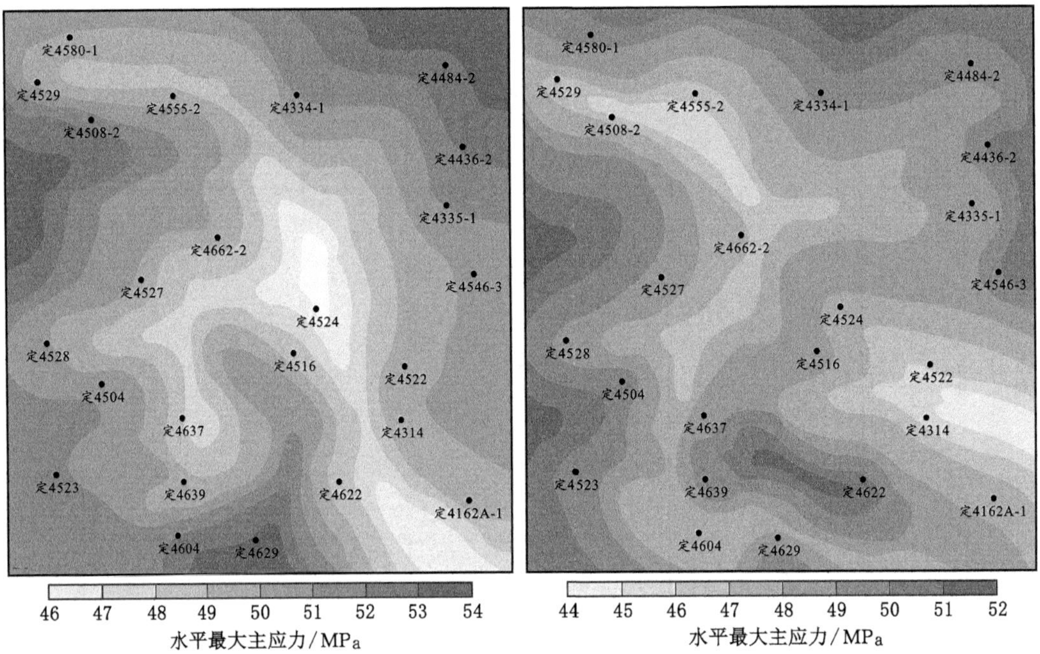

(a) (b)

图 4-23 鄂尔多斯盆地定边地区延长组长 7_1 段和长 7_2 段水平最大主应力分布图

(a) 7_1 段；(b) 7_2 段

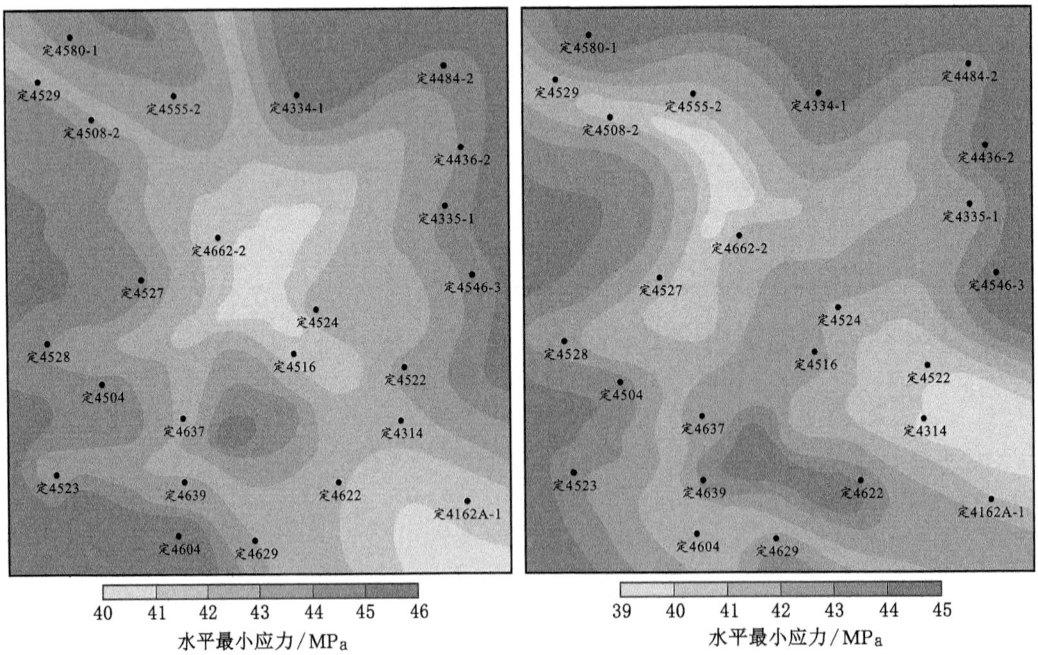

(a) (b)

图 4-24 鄂尔多斯盆地定边地区延长组长 7_1 段和长 7_2 段水平最小主应力分布图

(a) 7_1 段；(b) 7_2 段

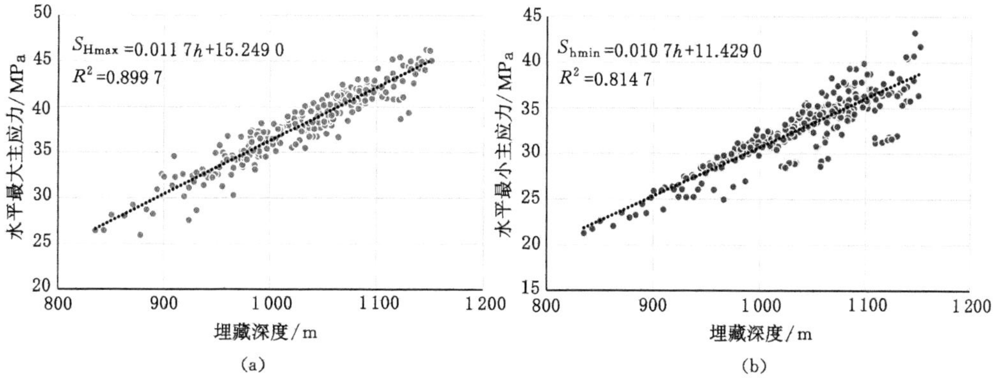

图 4-25　鄂尔多斯盆地陇东地区长 7 油层组现今地应力与埋藏深度关系

(a) 水平最大主应力与埋藏深度关系；(b) 水平最小主应力与埋藏深度关系

4.2.4.2　*岩石力学性质*

针对陇东地区，基于鄂尔多斯盆地延长组组合弹簧地应力计算模型，保持泊松比不变，通过改变杨氏模量分析其对地应力的影响；保持杨氏模量不变，改变泊松比，分析泊松比对地应力的影响。结果表明：① 在泊松比不变的情况下，水平最大和最小主应力均随着杨氏模量的增大而增大[图 4-26(a)]；② 在保持杨氏模量不变情况下，水平最大和最小主应力均随着泊松比的增大而增大[图 4-26(b)]；③ 随着杨氏模量的增大，水平应力差也逐渐变大(图 4-26)。

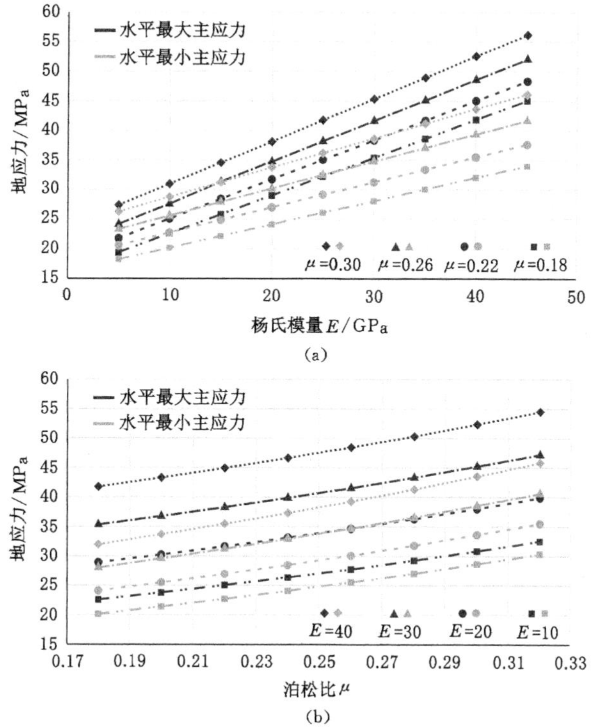

图 4-26　鄂尔多斯盆地陇东地区延长组长 7 油层组岩石力学性质对现今地应力的影响

(a) 杨氏模量与地应力的关系；(b) 泊松比与地应力的关系

第5章　现今地应力场与致密油勘探开发

5.1　现今地应力与天然裂缝渗透性

油气优势渗流方向受现今水平最大主应力方向控制。天然裂缝可作为致密油储层重要的储集空间和渗流通道,其发育程度决定着储层的有效产能,对井网部署以及压裂裂缝扩展均具有重要影响,成为致密油储层研究的重要方面。现今地应力可通过控制不同组系天然裂缝的张开程度和保存状态而影响地层渗透性。地层中天然裂缝的活动性和有效性既与现今地应力差有关,又与现今最大主应力和天然裂缝之间的夹角有关(丁文龙等,2015;侯贵廷等,2018)。通过研究天然裂缝的产状、分布规律及其与致密油富集的关系,以指导致密油的勘探开发。

鄂尔多斯盆地延长组中发育的天然裂缝在地下大都为无效裂缝,往往储层不压裂就不具备工业产能。在现今地应力场的影响下,经过人工压裂改造后,与现今主应力方向近于平行或小角度相交的无效裂缝可转变为有效裂缝,在油气运移时具有重要作用(周新桂等,2009)。

5.1.1　延长组天然裂缝系统

天然裂缝是指当应力超过岩石强度时形成的失去结合力的表面,彼此间并无相对位移。通常,天然裂缝不会单条发育,且单条裂缝对于储层的储集空间和渗流作用并没有实际意义,更多情况下是不同地质时期存在着不同类型的构造运动及不同形式的应力作用,由此生成的裂缝形态和产状也各有不同。在某种构造应力或某种地质作用下,在某局部范围内产生的大小不一、方向不同的众多裂缝,彼此间相交、切割、改造,构成复杂裂缝系统。

按照不同的标准对天然裂缝进行分类的方法较多,且各不相同,主要有从力学性质、地质成因、几何形态、产状(走向和倾角)、规模以及充填程度等方面进行分类(王允诚,1992;曾联波等,2010;丁文龙等,2015;侯贵廷等,2018)。据裂缝的地质成因,可将天然裂缝分为构造裂缝和非构造裂缝,其中构造裂缝多是在构造应力作用下形成,一般成组出现、走向稳定,与构造运动密切相关(侯贵廷等,2013)。按照力学性质,可进一步将构造裂缝划分为张性裂缝、张剪裂缝、剪切裂缝和压剪裂缝。张性裂缝是裂缝两盘间仅存在沿裂缝面法向拉张变形的裂缝;张剪裂缝是裂缝两盘沿裂缝面存在法向拉张和切向滑动变形的裂缝;剪切裂缝是裂缝两盘之间仅存在沿裂缝面切向滑动变形的裂缝;压剪裂缝是裂缝两盘存在沿裂缝面法向压缩和切向滑动变形的裂缝。

综合研究表明,构造裂缝是鄂尔多斯盆地延长组天然裂缝的主要类型,其发育分布具有以下总体特征:

① 发育至少两期裂缝,分别对应燕山期和喜马拉雅期构造应力场(张林炎等,2006;曾联波等,2008)。

② 在不同地区和层系内,裂缝发育特征具有一定的差异性;宏观裂缝以剪切裂缝为主,

微观裂缝以张性裂缝为主(图 5-1)。

③ 裂缝倾角相对较大，垂直缝和高角度斜交缝是主要的有效裂缝(周文等，2008)。

④ 区域天然裂缝发育程度差异较大(杨克文等，2008；鞠玮等，2014a)。

图 5-1　鄂尔多斯盆地延长组构造裂缝照片

野外照片摄于延河剖面，镜下照片为 Zn341 井延长组长 7 油层组(2 328.48 m)。

以延长组长 7 油层组发育的构造裂缝为例，根据钻井岩芯、成像测井等资料，详细剖析其特征如下：

5.1.1.1　构造裂缝产状特征

根据构造裂缝的倾角大小，可将构造裂缝分为水平缝(0°～15°)、低角度斜交缝(15°～45°)、高角度斜交缝(45°～75°)和垂直缝(75°～90°)(王允诚，1992)。依据岩芯中构造裂缝倾角的观察和统计，鄂尔多斯盆地延长组长 7 油层组内构造裂缝主要以垂直缝为主，约占 86.5%(图 5-2)。

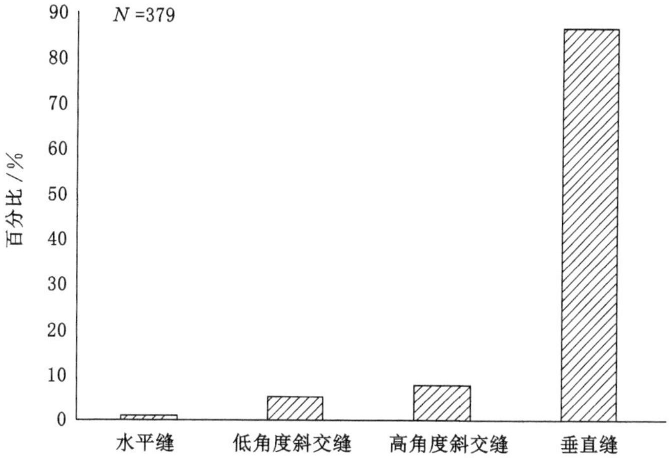

图 5-2　鄂尔多斯盆地延长组长 7 油层组构造裂缝倾角统计图

由于大多数岩芯未进行定向，因此，对于构造裂缝走向的分析主要借助成像测井资料的解译。整体上，鄂尔多斯盆地延长组长 7 油层组构造裂缝走向呈现为两组优势方位：第一组构造裂缝优势走向为 NE-SW 向(平均 51.23°N；如 B270、Hn95、X266、Hu46 等井)；第二组构造裂缝优势走向为 WNW-ESE 向(平均 286.12°N；如 Lo85、Zu197、Zg81、L124 等井)(图 5-3)。其中，第一组构造裂缝在延长组长 7 油层组中更为普遍。

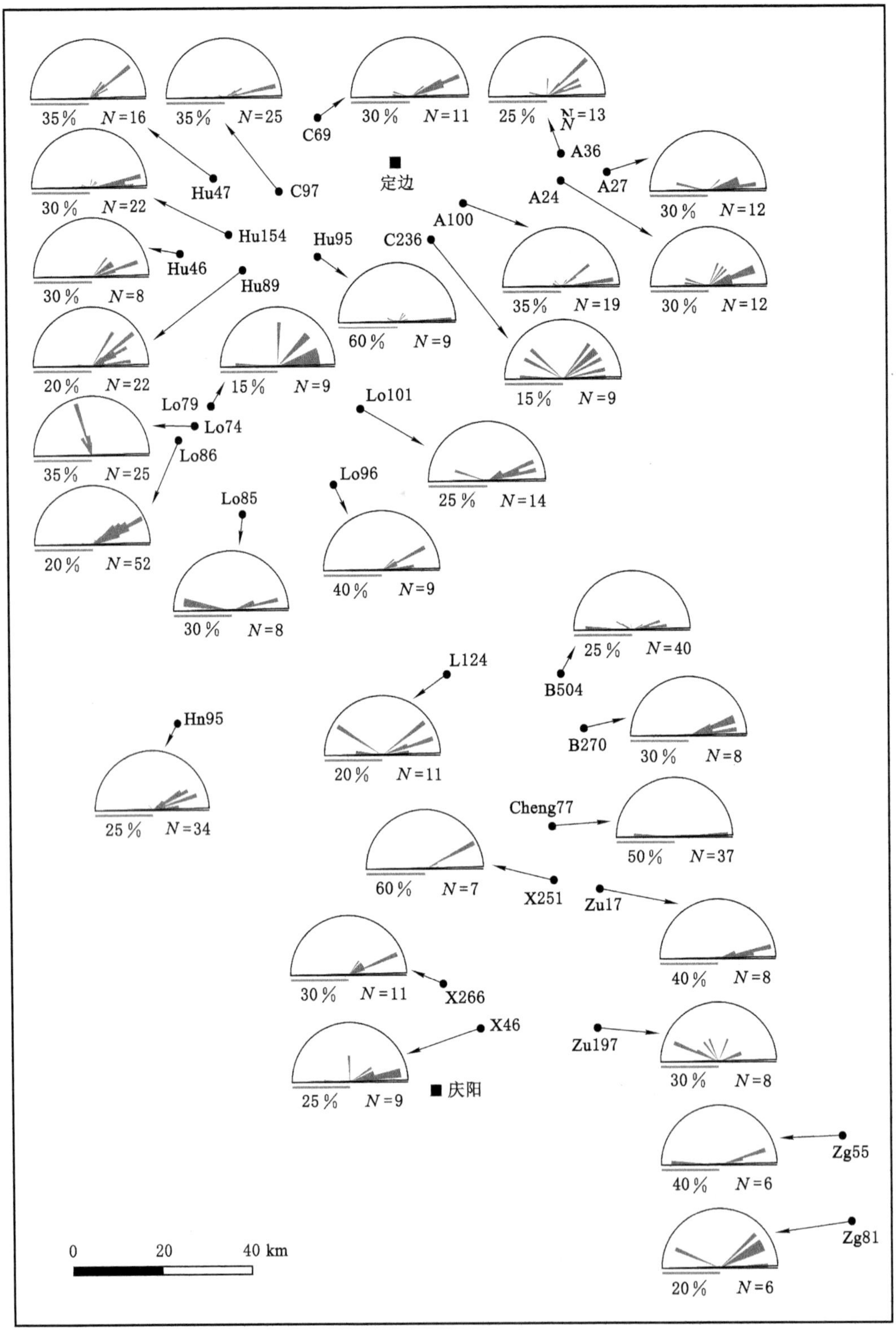

图 5-3　鄂尔多斯盆地延长组长 7 油层组构造裂缝走向玫瑰花图

5.1.1.2　构造裂缝开度特征

地下构造裂缝的真实开度是裂缝参数描述中的难题。在岩芯观测中，实际测量的裂缝开度要比地下裂缝的真实开度大，需要修正，计算公式为：

$$b = b_s \cos \theta \tag{5-1}$$

式中　b——裂缝真实开度；

b_s——裂缝视开度；

θ——测量面与裂缝面的夹角。

基于岩芯构造裂缝的观测和统计，整体上，鄂尔多斯盆地延长组长 7 油层组构造裂缝开度较小，在 0～0.5 mm 范围内的构造裂缝占 35.29%(图 5-4)。

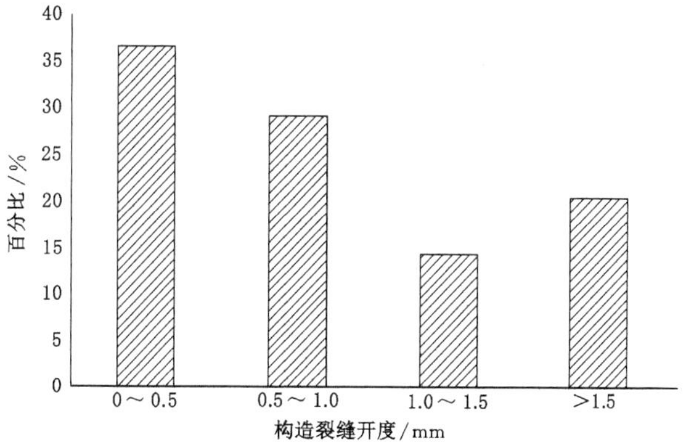

图 5-4　鄂尔多斯盆地延长组长 7 油层组构造裂缝开度统计图

5.1.1.3　构造裂缝充填程度与充填物特征

根据裂缝内矿物充填程度的差异，构造裂缝一般可分成充填裂缝、半充填裂缝和未充填裂缝，且由充填裂缝至未充填裂缝，构造裂缝的有效性逐渐变好。由鄂尔多斯盆地岩芯观察，在延长组长 7 油层组内，大多数的构造裂缝未被矿物所充填(约占 74.4%)，表明其有效性相对较高(图 5-5)。

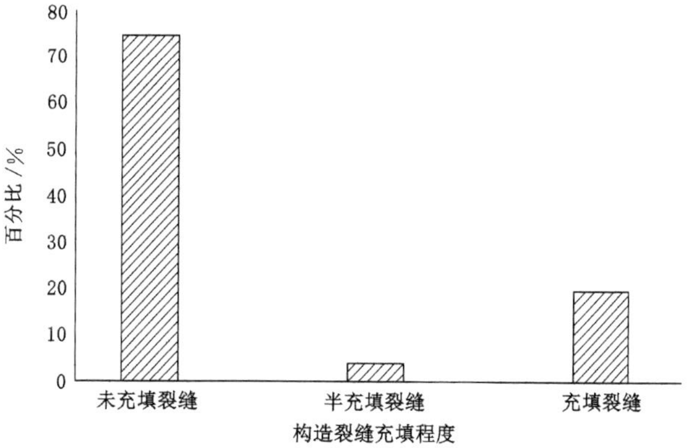

图 5-5　鄂尔多斯盆地延长组长 7 油层组构造裂缝充填程度统计图

另外，对于充填裂缝，其内的充填矿物主要以方解石为主，在开发时使用酸化压裂技术，方解石可以被溶蚀从而转换充填裂缝为有效裂缝，成为储层中致密油运移的通道。

5.1.1.4 构造裂缝发育程度特征

查明构造裂缝的发育程度对于致密油储层勘探开发具有重要意义。裂缝密度和裂缝孔隙率是常用来量化表征构造裂缝发育程度的重要裂缝参数(鞠玮等,2011,2014b)。构造裂缝的形成是岩石在应力场作用下超过其强度极限发生破裂的结果,因此,可以岩芯以及成像测井中实测的构造裂缝密度为约束,基于构造应力场数值模拟,将实测的裂缝密度与应变能和岩石破裂值进行拟合,建立构造裂缝发育程度预测模型,据此分析构造裂缝发育程度。

在不同时期构造应力场数值模拟和构造裂缝密度实测基础上,拟合分析岩石综合破裂值、应变能与实测构造裂缝密度之间的量化关系,得到鄂尔多斯盆地陇东地区长 7_1 段和长 7_2 段燕山期和喜马拉雅期构造裂缝发育程度计算模型,据此获取构造裂缝发育程度分布特征(图 5-6 和图 5-7;Zhao et al.,2017)。

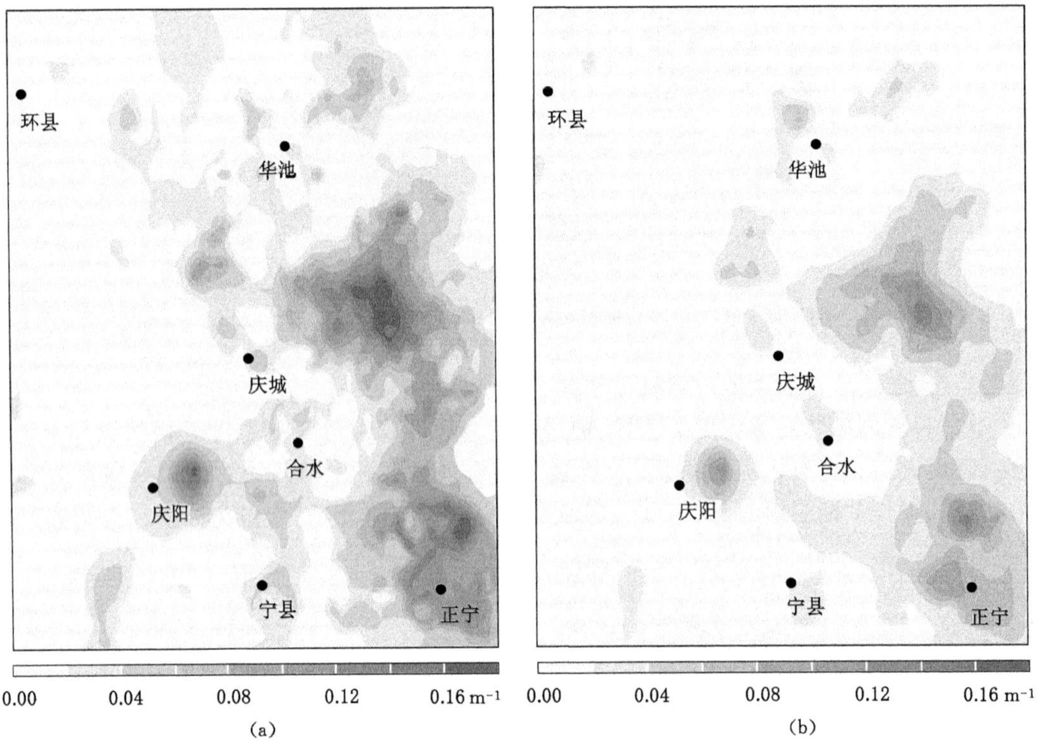

图 5-6 鄂尔多斯盆地延长组长 7_1 段燕山期与喜马拉雅期构造裂缝密度分布图

(a) 燕山期;(b) 喜马拉雅期

延长组长 7_1 段燕山期和喜马拉雅期构造裂缝密度计算模型:

$$d_{71y}=3.493x^2-0.049y^2-6.241x+0.695y+0.270 \quad (R=0.947) \tag{5-2}$$

$$d_{71x}=3.581x^2-0.123y^2-7.105x+3.240y+1.054 \quad (R=0.904) \tag{5-3}$$

延长组长 7_2 段燕山期和喜马拉雅期构造裂缝密度计算模型:

$$d_{72y}=48.429x^2-0.039y^2-100.308x+0.734y+48.585 \quad (R=0.871) \tag{5-4}$$

$$d_{72x}=22.944x^2+0.450y^2-46.876x-4.094y+33.241 \quad (R=0.941) \tag{5-5}$$

式中 d_{71y}，d_{71x}——延长组长 7_1 段燕山期和喜马拉雅期构造裂缝密度；

d_{72y}，d_{72x}——延长组长 7_2 段燕山期和喜马拉雅期构造裂缝密度；

x——应变能；

y——岩石剪破裂值；

R——相关系数。

不同时期不同层位内构造裂缝发育程度各异。通过对比燕山期和喜马拉雅期构造裂缝密度（图 5-6 和图 5-7），长 7_1 段和长 7_2 段内燕山期构造裂缝密度均较喜马拉雅期大，表明燕山期的构造活动可能更强烈，进而致使该时期的构造裂缝也更为发育。延长组长 7_1 段构造裂缝密度的最高值主要位于陇东地区中-东部（华池-庆城-正宁一线以东），而长 7_2 段构造裂缝密度的最高值位于研究区中-南部（庆阳附近），呈现裂缝发育与分布的差异性。

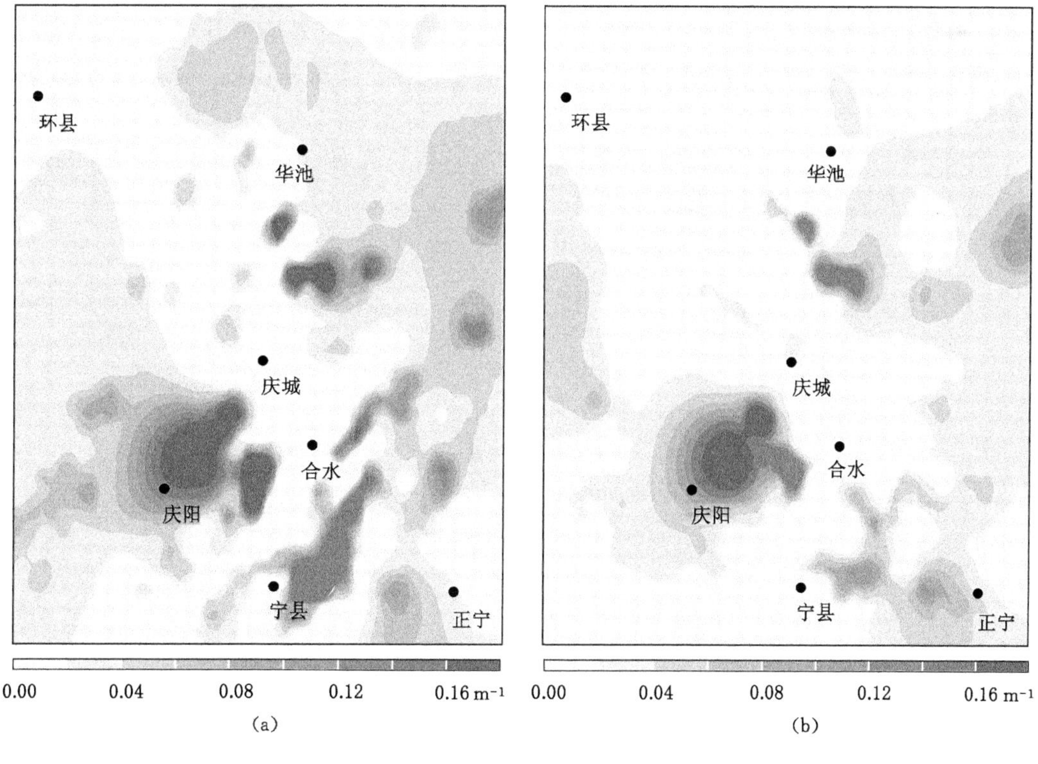

图 5-7　鄂尔多斯盆地延长组长 7_2 段燕山期与喜马拉雅期构造裂缝密度分布图

(a) 燕山期；(b) 喜马拉雅期

控制构造裂缝发育的因素众多且多样，不同的构造背景存在不同类型的发育机制。一般在构造发育区（如塔里木盆地库车坳陷），断层、褶皱等不同构造类型及其规模是影响裂缝发育和分布的主控因素（鞠玮等，2013；Johanna et al.，2015；侯贵廷等，2018），而在某些地区，流体或岩浆等因素对于构造裂缝的发育也会有显著影响（Agosta et al.，2010）。由于鄂尔多斯盆地湖盆中心地区地层平缓，构造变形很弱，构造裂缝差异发育和分布的因素主要为岩性和厚度（牛小兵等，2014；赵文韬等，2015）。

5.1.2 天然裂缝开启压力

储层中天然裂缝的启闭程度受现今地应力状态影响很大，进而决定了裂缝在致密油开发中的有效性(Zoback,2007)。当天然裂缝的产状与现今地应力状态具备合适的配套关系(天然裂缝的走向与水平最大主应力方向平行或近似平行)时，裂缝的存在有利于致密油的渗流(Finkbeiner et al.,1997;Hillis,1997)，此概念也被定义为"构造渗透率"(Sibson,1996)。

以鄂尔多斯盆地延长组长 7 油层组为例，基于现今地应力方向(图 4-9)与天然裂缝走向(图 5-3)的关系，第一组裂缝走向(平均 51.23°N)与现今地应力方向的夹角较小，更有利于致密油运移。

在致密油开发工程中，估算并确定天然裂缝开启压力是十分必要的。开启压力是指当地层存在天然裂缝时，在现今地应力作用下使原有闭合裂缝重新开启所需的外界压力(Zeng et al.,2009;周新桂等,2013)。目前，针对水力压裂裂缝的扩展准则研究得比较多，而对天然裂缝扩展的研究则较少。一种基于岩石力学理论估测天然裂缝开启压力的方法是：以天然裂缝面为研究对象，考虑孔隙压力作用下建立力学平衡方程，通过求解方程获取裂缝开启压力。

如果最大主应力与天然裂缝面法线的夹角为 β，则裂缝面与最大主应力之间的夹角为 $\beta+\pi/2$，作用在天然裂缝面上的正应力为：

$$\sigma_n=\frac{\sigma_1+\sigma_3}{2}-\frac{\sigma_1-\sigma_3}{2}\cos 2\beta \tag{5-6}$$

式中 σ_n——天然裂缝面上的正应力；

σ_1——最大主应力；

σ_3——最小主应力；

β——最大主应力与天然裂缝面法线的夹角。

天然裂缝开启压力为(李玉喜等,2000)：

$$P=\sigma_n+T_f-P_o \tag{5-7}$$

式中 P——天然裂缝开启压力；

T_f——天然裂缝抗张强度；

P_o——孔隙压力。

在实际地质条件下，需要综合考虑岩石力学性质、埋藏深度、现今地应力状态、最大主应力与裂缝走向的夹角以及天然裂缝倾角等因素，此时，天然裂缝开启压力的计算公式为：

$$P=\left(\frac{\mu}{1-\mu}H\rho_s g\sin\theta+H\rho_s g\cos\theta-\alpha H\rho_w g\right)\times 10^{-6}+Hf\sigma_1\sin\theta\sin\beta+Hf\sigma_3\sin\theta\cos\beta \tag{5-8}$$

式中 P——天然裂缝开启压力；

μ——岩石泊松比；

H——天然裂缝埋藏深度；

θ——天然裂缝倾角；

α——地层压力系数；

ρ_s——岩石的容重；

ρ_w——水的重度；

g——重力加速度；

$f\sigma_1, f\sigma_3$——现今应力场的最大和最小主应力梯度；

β——现今应力场的最大主应力方向与裂缝走向的夹角。

在计算过程中，岩石泊松比可以通过常规测井纵波、横波时差和密度资料进行求取，并通过岩石力学实验得到的结果进行校正；岩石的容重可通过常规测井密度资料求取；水的重度主要通过分析化验得到。

对鄂尔多斯盆地陕北地区延长组长 7 油层组内天然裂缝而言，在现今地应力方向(图 4-9)与天然裂缝产状(图 5-2 和图 5-3)分析的基础上，按照公式(5-8)所示计算方法，获得其天然裂缝开启压力主要分布在 34.4～68.6 MPa 范围内，平均为 52.3 MPa(表 5-1)。与长 7 油层组水平最大主应力方向夹角较小的天然裂缝，其裂缝开启压力介于 34.4～47.3 MPa之间，平均为 42.1 MPa，且当夹角越小时，裂缝开启压力也越小；与水平最大主应力方向夹角较大的天然裂缝的开启压力则相对较大，介于 50.2～68.6 MPa 之间，平均为 62.5 MPa。依据储层非均质分布的特点，绘制出陕北地区延长组长 7 油层组天然裂缝开启压力分布图(图 5-8)。

表 5-1　鄂尔多斯盆地陕北地区延长组长 7 油层组天然裂缝开启压力估算

井名	深度/m	裂缝走向/(°)	裂缝倾角/(°)	μ	ρ_s /(kg/m³)	ρ_w /(kg/m³)	$f\sigma_1$	$f\sigma_3$	β	压力/MPa
A105	2 295.55	269	90	0.305	2 516	1 100	0.024 9	0.015 4	22	54.3
A205	2 416.00	160	90	0.305	2 516	1 100	0.024 4	0.015 4	87	60.9
A42	2 258.00	101	90	0.305	2 516	1 100	0.025 0	0.015 4	36	61.4
A62	2 242.80	125	90	0.305	2 516	1 100	0.025 1	0.015 4	63	65.9
A77	2 400.45	252	90	0.270	2 430	1 100	0.024 4	0.017 7	10	47.3
A92	2 249.20	60	90	0.305	2 575	1 100	0.025 1	0.014 7	7	40.4
H177	2 349.20	60	90	0.279	2 569	1 100	0.024 6	0.014 4	3	34.4
H186	2 322.94	77	70	0.305	2 516	1 100	0.024 7	0.015 4	12	47.0
H192	2 088.35	231	90	0.267	2 582	1 100	0.025 8	0.013 4	14	36.9
H193	2 367.25	113	90	0.305	2 516	1 100	0.024 6	0.015 4	48	67.8
H198	2 110.35	250	90	0.363	2 471	1 100	0.025 7	0.015 4	3	41.7
H198	2 157.58	250	90	0.363	2 471	1 100	0.025 5	0.015 4	3	42.6
H198	2 109.70	281	90	0.363	2 471	1 100	0.025 7	0.015 5	34	63.8
H206	2 225.30	62	90	0.312	2 593	1 100	0.025 2	0.015 6	3	39.3
H206	2 251.00	100	90	0.312	2 593	1 100	0.025 1	0.015 6	35	62.8
H210	2 223.57	57	90	0.312	2 593	1 100	0.025 2	0.017 2	8	47.3
H212	2 388.67	62	90	0.310	2 593	1 100	0.024 5	0.016 9	5	46.8
H212	2 323.11	110	90	0.310	2 593	1 100	0.024 7	0.016 9	43	69.3
H218	2 196.10	257	90	0.305	2 516	1 100	0.025 3	0.015 4	15	47.1
Xn42	2 354.82	122	90	0.305	2 516	1 100	0.024 6	0.015 4	57	68.4
Y19	2 256.40	252	90	0.312	2 416	1 100	0.025 0	0.014 9	6	39.2

表 5-1(续)

井名	深度/m	裂缝走向/(°)	裂缝倾角/(°)	μ	ρ_s /(kg/m³)	ρ_w /(kg/m³)	$f\sigma_1$	$f\sigma_3$	β	压力/MPa
Y19	2 261.80	265	90	0.312	2 416	1 100	0.025 0	0.014 9	19	50.2
Y19	2 288.78	37	90	0.312	2 416	1 100	0.024 9	0.014 8	29	57.2
Y251	2 297.00	63	90	0.305	2 516	1 100	0.024 8	0.015 4	2	37.4
Y65	2 215.70	101	90	0.305	2 516	1 100	0.025 2	0.015 4	39	61.7
Y90	2 398.80	311	90	0.305	2 516	1 100	0.024 4	0.015 4	66	68.6

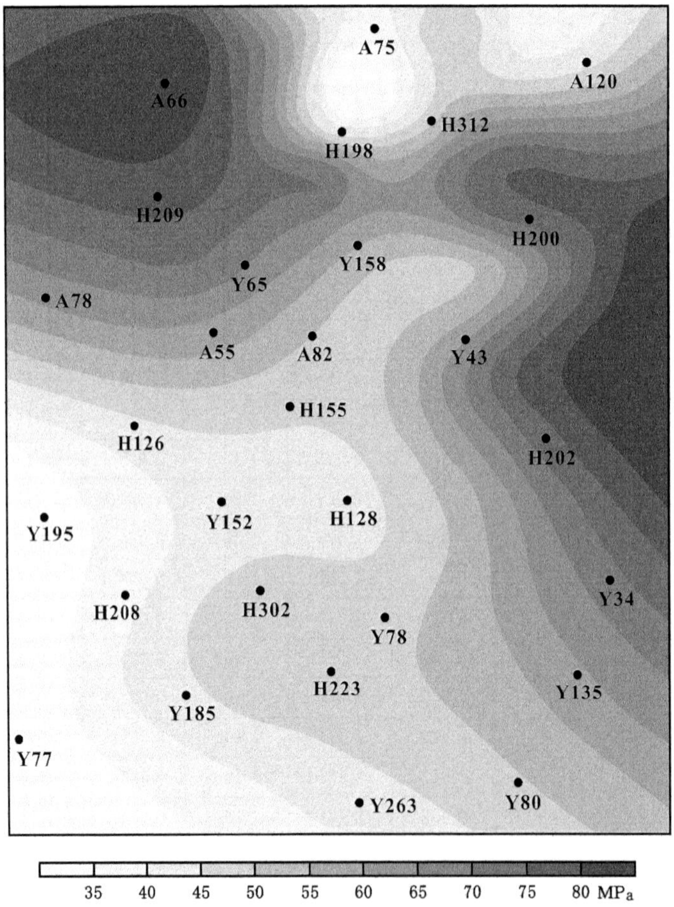

图 5-8　鄂尔多斯盆地陕北地区长 7 油层组天然裂缝开启压力平面图

影响天然裂缝开启压力的主要地质因素包括裂缝的埋藏深度、裂缝产状、孔隙压力以及现今地应力方向和大小等几个方面。

① 裂缝埋藏深度。天然裂缝开启压力与其埋藏深度密切相关，但由于受到现今地应力的影响，同一深度不同走向的裂缝具有不同的开启压力。一般而言，当裂缝产状相同时，裂

缝埋藏位置越深，其开启压力越大。原因在于随着裂缝埋藏深度的增大，裂缝面所受的上覆围压增大，要使裂缝张开的压力也越大。

② 裂缝产状。在同一深度范围内，裂缝走向相同时，裂缝倾角越大，其开启压力越小。在深度、围压以及裂缝倾角均相同的条件下，裂缝走向与现今水平最大主应力夹角越小，其开启压力相对越小，裂缝越容易开启。

③ 孔隙压力。对同一深度范围内相同产状的裂缝而言，处于异常高压流体环境中的裂缝与处于静水压力环境中的裂缝相比，前者的开启压力小，裂缝更容易开启，其原因在于异常高压环境下，流体承受了更大的负载，降低了裂缝受到围压作用的效应，即降低了裂缝开启压力。相反，对于低压油藏而言，岩石骨架承受了更多的负载，使得裂缝开启压力变大。

④ 现今地应力状态。现今地应力状态对裂缝开启压力的影响主要体现在大小和方向两个方面。当裂缝埋藏深度和产状相同时，裂缝开启压力与现今地应力最大和最小主应力梯度有关。现今地应力方向对裂缝开启压力的影响主要是：当其他条件一致时，裂缝走向与水平最大主应力方向之间的夹角越小，裂缝开启压力相对也越小。

5.1.3　裂缝有效性耦合分析

由于致密油储层物性极差，通常需要采用压裂方法获取工业产能（Kingdon et al.，2016）。在压裂过程中，由于流体的注入，必然会引起储层岩石力学场和天然裂缝状态变化（Reynolds et al.，2003）。为此，一般常利用库仑-纳维叶准则和摩尔图解分析天然裂缝在现今地应力和流体注入耦合条件下的响应。

库仑-纳维叶准则强调岩石的剪切破裂，认为岩石的强度等于岩石本身的抗剪强度和剪切面上正向力产生的摩擦力之和，即：

$$\tau = \tau_0 + \mu\sigma_0 \tag{5-9}$$

式中　τ——岩石抗剪强度；

τ_0——岩石固有的剪切强度；

σ_0——剪切面上的正应力；

μ——岩石内摩擦系数。

当岩石所受应力突破其抗剪强度时，岩石就会发生剪切破坏，并且主应力差越大，天然裂缝越发育（图 5-9）。在固定最小主应力的情况下，当它与最大主应力的差值越大时，应力圆越容易突破岩石极限状态，进而发生剪切破坏。

现以 W98 井延长组为例，分析在现今地应力和储层压力耦合条件下天然裂缝的有效性。研究表明，在流体注入前，所有被检测天然裂缝均处于无效状态，随着流体注入裂缝趋于有效，当由于注入流体导致的储层压力增值超过 19.62 MPa/m 时，W98 井所有天然裂缝均转变成为有效裂缝（图 5-10～图 5-15）。

图 5-10～图 5-15 所示为下半球投影图（上）和摩尔图解图（下），投影图中不同颜色表示破裂容易程度。天然裂缝在投影图中为其裂缝面法线的投影，黑色点表示无效裂缝，白色点表示有效裂缝。摩尔图解中的斜直线为岩石剪切破裂线，黑色点表示无效裂缝，灰色点表示有效裂缝，随着流体不断注入，储层压力逐渐增大，应力圆向左移动。δ_p 为储层压力梯度增量。

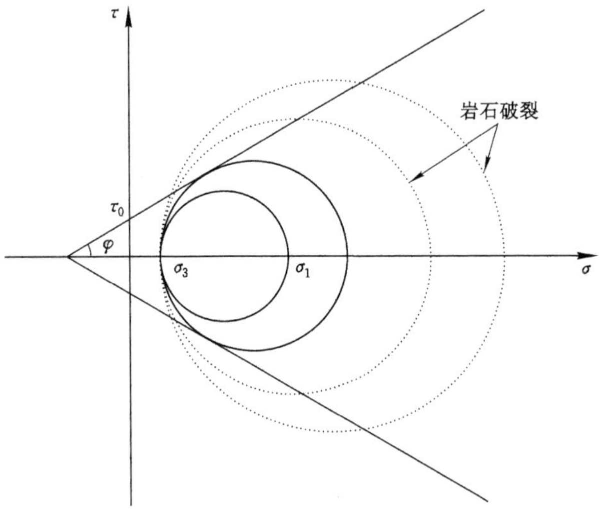

图 5-9　库仑-纳维叶破裂准则示意图

（图中 σ_1 为最大主应力；σ_3 为最小主应力；τ_0 为岩石固有剪切强度；φ 为内摩擦角。）

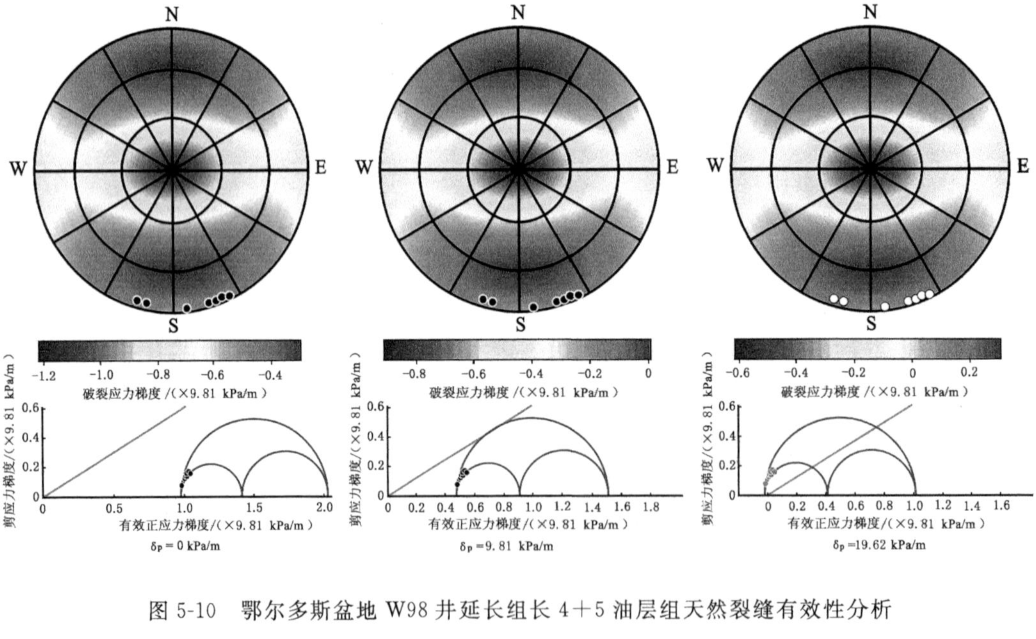

图 5-10　鄂尔多斯盆地 W98 井延长组长 4＋5 油层组天然裂缝有效性分析

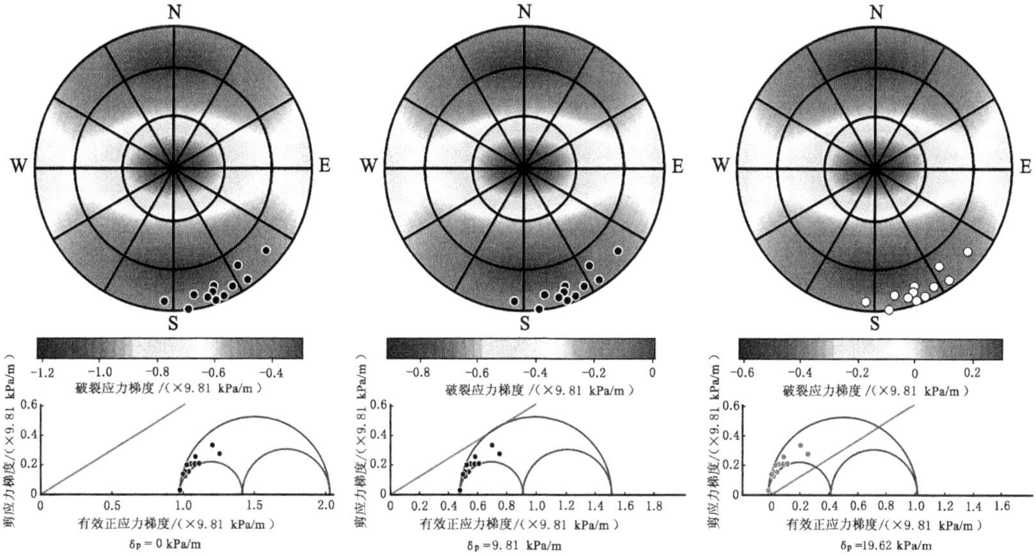

图 5-11　鄂尔多斯盆地 W98 井延长组长 6 油层组天然裂缝有效性分析

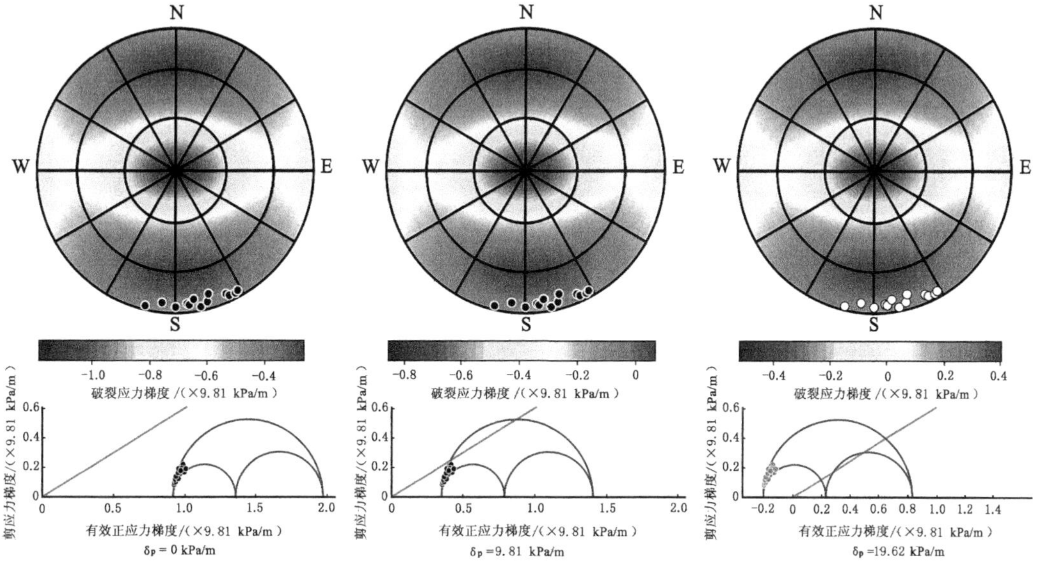

图 5-12　鄂尔多斯盆地 W98 井延长组长 7 油层组天然裂缝有效性分析

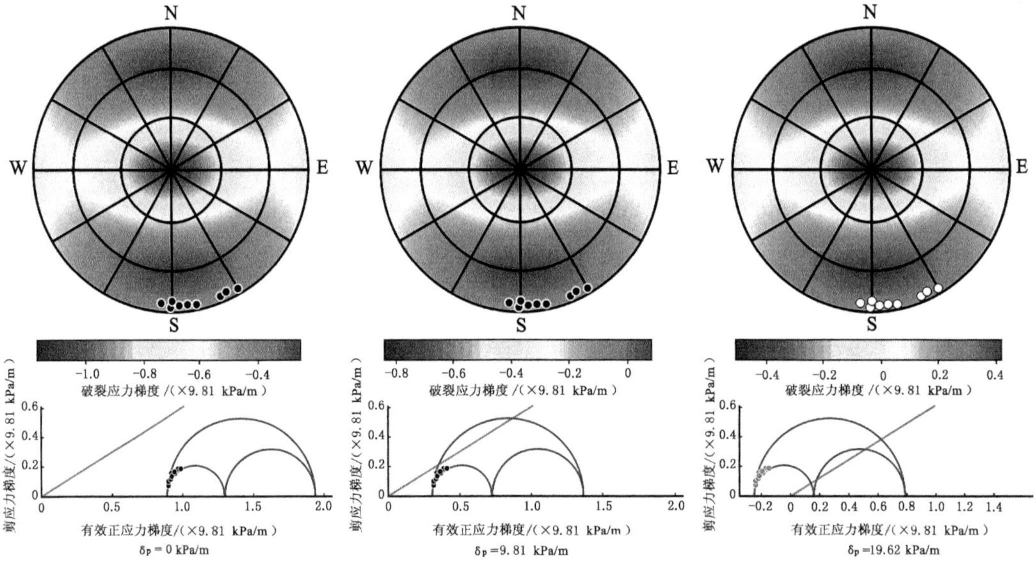

图 5-13　鄂尔多斯盆地 W98 井延长组长 8 油层组天然裂缝有效性分析

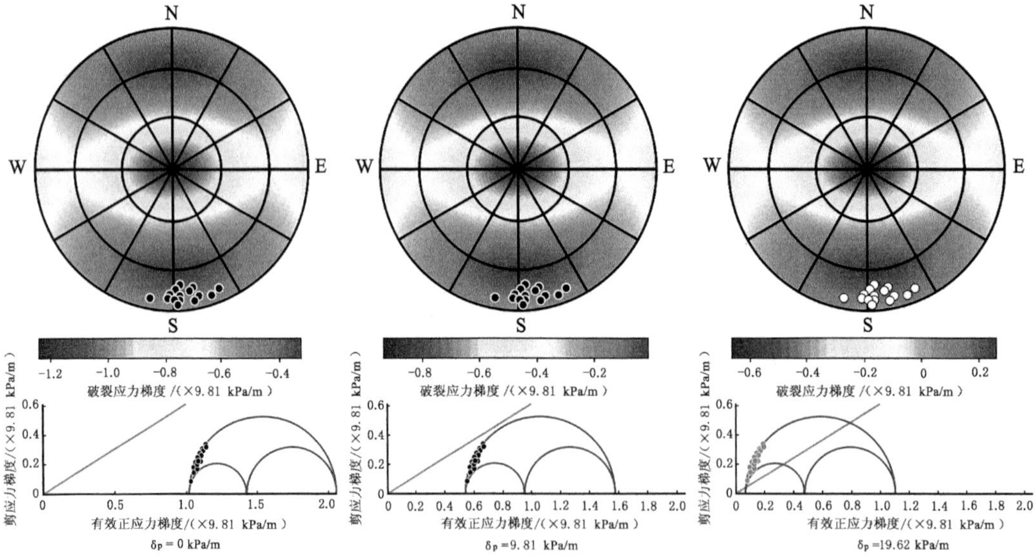

图 5-14　鄂尔多斯盆地 W98 井延长组长 9 油层组天然裂缝有效性分析

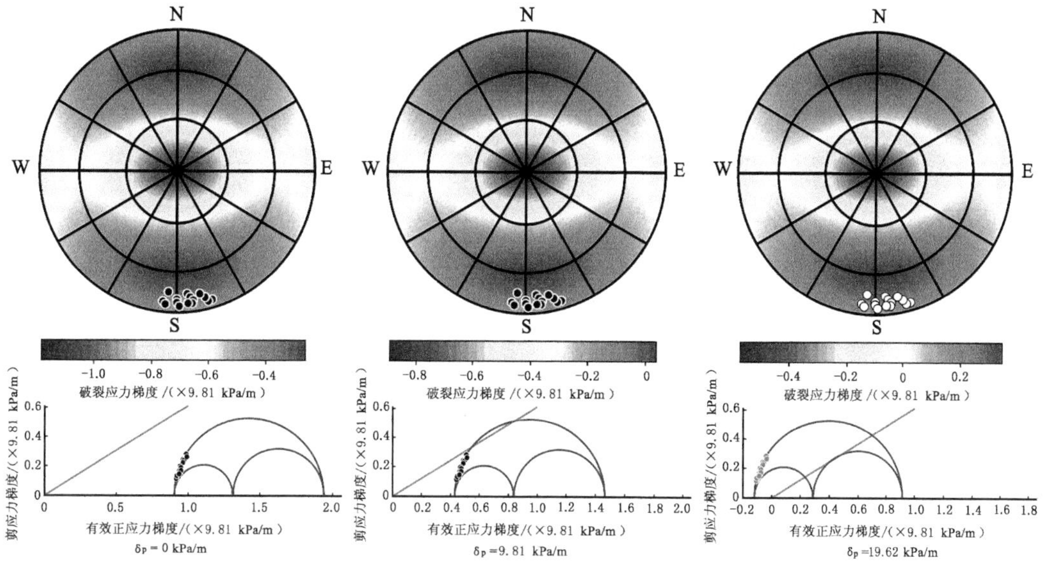

图 5-15　鄂尔多斯盆地 W98 井延长组长 10 油层组天然裂缝有效性分析

5.2　现今地应力与钻井工程

井壁稳定性评价、钻井设计以及井身结构确定等是钻井工程中最重要的问题，研究发现，现今地应力场与上述问题紧密相关，同时也是开展相关钻井工程的基础工作之一。

5.2.1　地应力与井壁稳定性

钻井过程中表现最为突出的问题就是井壁稳定性问题，其广泛存在于国内外各个油田。钻井井壁失稳往往会影响施工进度，耗费大量的人力物力，严重时可能导致井眼报废，造成巨大经济损失。与此同时，它直接影响固井质量以及在油藏开发时的射孔、防砂、油井增产措施等，因此，研究井壁稳定性是保证安全钻井及后续施工措施顺利进行的基础，对于油田开发具有重要意义。

钻井其实是使岩石破碎形成井眼过程，在此过程中造成井壁失稳的原因众多，可归纳为天然因素和人工因素。天然因素主要包括地应力状态、岩石类型及其力学性质、地层孔隙流体类型、孔隙压力以及地层构造形态等；人工因素包括井眼波动压力、钻井液密度、流变性及化学性质等(李志明等，1997；梁利喜，2008；谢润成，2009)。

通常，井壁稳定性研究需要从力学和化学两个方面综合分析：① 力学方面，由于强烈的地质构造运动形成高地应力，在钻开地层形成井眼后，径向应力失衡而引起井壁不稳定；② 化学方面，需要分析钻井液化学因素对井壁稳定性的影响，一方面，分析钻井液与地层水之间的水化作用，钻井液与地层中的黏土矿物可进行离子交换并径向扩散，使井壁周围的岩石产生应力不平衡，进而导致井塌或缩径；另一方面，井壁周围岩石内发育的层理和裂缝系统也是化学性井塌的重要原因。因此，从形成机理角度分析，井壁失稳可归结为两方面原因，一是地层钻开后井内钻井液柱压力取代了所钻岩层对井壁的支撑，破坏了地层中原有的应力平衡，引起井周应力重新分布，从而导致井壁失稳；二是钻井液进入地层导致孔隙压力变化，并引起地层水化，强度降低，进而加剧井壁的失稳。井壁失稳既是力学问题，又是化学问题，但总的来说可归结为力学问题（黄荣樽等，1995；邓金根等，1998；谢润成，2009）。即由于井眼形成会扰动之前相对稳定的原地应力场，造成井壁岩石产生较强的应力集中，进而导致井壁岩石发生破裂，由于井壁岩石发生破坏或屈服而给钻井带来的工程问题即为井壁失稳。

井壁岩石破坏或屈服的主要类型有三种：拉伸破坏、剪切破坏和塑形流动，其对应的井壁失稳表现分别为井眼漏失、井壁坍塌和井眼缩径。其中，井眼漏失常常发生于砂岩地层，井壁坍塌多发生于脆性的泥页岩地层，井眼缩径多发生于盐岩层以及塑性泥岩层（李志明等，1997）。

塑性岩层流动属黏塑性流动问题，涉及过程较为复杂，本次重点分析岩石破坏的表现形式。岩石破坏主要受拉伸和压缩作用，由于其力学性质不同，对井壁作用方式与岩石的破坏形式也不同。第一种主要是以张性破裂为主的井壁破坏，表现为地层内原始微裂隙张开，造成井中泥浆漏失；第二种是以剪切破裂为主的井壁破坏作用，表现为井眼坍塌崩落，造成井眼椭圆度加大。

5.2.1.1 岩石破坏准则

对张破裂而言，一般按照最大拉应力理论，当井壁上的最小有效应力达到岩石抗张强度时，岩石开始发生破裂，即：

$$\sigma_{\min} = -\sigma_{\mathrm{T}} \tag{5-10}$$

式中 $\sigma_{\min}$——最小有效主应力；

σ_{T}——岩石抗张强度。

对于井壁剪切破裂，存在多种判定准则：

(1) 库仑-纳维叶准则

对于平面问题的剪切破坏，通常采用库仑-纳维叶准则进行判定[公式(5-9)]，借助应力圆的计算可获取井眼周围破裂的位置及其规模。在给定的地应力条件下，钻孔井壁岩石发生剪切破坏时的最大内聚力可由下式决定（Zobacket al.，1985）：

$$C = \sqrt{(1+\mu^2)\left[\left(\frac{\sigma_\theta - \sigma_r}{2}\right)^2 + {\tau_{r\theta}}^2\right]} - \mu\left(\frac{\sigma_\theta + \sigma_r}{2}\right) \tag{5-11}$$

式中 σ_r——径向应力；

$\tau_{r\theta}$——剪切应力；

σ_θ——周向应力；

C——由计算获取的最大岩石内聚力；

μ——岩石内摩擦系数。

根据 Byerlee 等(1978)的实验结果，大多数岩石的内摩擦系数介于 0.6-1.0 之间。当把合适的井眼周围应力和选定的内摩擦系数代入公式(5-11)时，如果其右侧小于 C，则是稳定的，否则岩石可能发生破坏。

(2) 推广的 Misses 准则

对于三维空间的剪切破坏一般采用推广的 Misses 准则进行判定。在三维空间，中间主应力对岩石的压缩变形起重要作用（Mogi，1972），可采用应力偏量不变量和有效平均应力表示中间主应力对岩石破坏的影响，其表达式如下：

$$\sqrt{J_2}=\sqrt{\frac{(\sigma_1-\sigma_2)^2+(\sigma_2-\sigma_3)^2+(\sigma_3-\sigma_1)^2}{6}} \tag{5-12}$$

$$S=\frac{\sigma_1+\sigma_2+\sigma_3}{3}-P_{\circ} \tag{5-13}$$

式中　$\sqrt{J_2}$——应力偏量二阶不变量的平方根，称为均方根剪应力，也称之为 Misses 有效剪应力；

S——有效平均应力；

$P_{\circ}$——孔隙压力。

Bradley(1979)进行了几种不同围压的岩石破裂强度试验研究，得到了$\sqrt{J_2}$与 S 平面内的破裂曲线，也称为推广的 Misses 破裂模型，由此获取了一个有效崩落应力作为判断井壁崩落的度量：

$$\sqrt{J_{2\mathrm{ef}}}=\sqrt{J_{2\mathrm{rf}}}-\sqrt{J_{2\mathrm{bh}}} \tag{5-14}$$

式中　$\sqrt{J_{2\mathrm{ef}}}$——有效崩落应力；

$\sqrt{J_{2\mathrm{rf}}}$——井壁上与 S 值对应点的平均岩石抗剪强度；

$\sqrt{J_{2\mathrm{bh}}}$——井壁上与 S 值对应点的平均剪应力。

(3) 德鲁克-普拉格(Drucker-Prager)准则

德鲁克-普拉格准则是岩石力学中最为重要的岩石强度准则之一，在岩土工程数值分析中具有极为广泛的应用。该准则可以同时反映体积应力、剪切应力和中间主应力对岩石强度的影响，其表达如下：

$$\sqrt{J_2}-RI_1-K_{\mathrm{f}}=0 \tag{5-15}$$

其中，R 和 K_{f} 为系数；I_1 由下式(5-16)计算：

$$I_1=\sigma_1+\sigma_2+\sigma_3 \tag{5-16}$$

当存在孔隙压力时，公式(5-16)需转换为：

$$I_1=\sigma_1+\sigma_2+\sigma_3-3\alpha P_{\circ} \tag{5-17}$$

通常，德鲁克-普拉格准则中 R 和 K_{f} 的确定存在三种情况：

第一种，内圆准则，即：

$$K_{\mathrm{f}}=\frac{\sqrt{6}C\cos\varphi}{\sqrt{9+3\sin^2\varphi}} \tag{5-18}$$

$$R^2=\frac{6\sin^2\varphi}{9+3\sin^2\varphi} \tag{5-19}$$

第二种，中圆准则，即：

$$K_{\mathrm{f}}=\frac{2\sqrt{2}C\cos\varphi}{3+\sin^2\varphi} \tag{5-20}$$

$$R^2=\frac{8\sin^2\varphi}{3+\sin^2\varphi} \tag{5-21}$$

第三种，外圆准则，即：

$$K_{\mathrm{f}}=\frac{2\sqrt{2}C\cos\varphi}{3-\sin^2\varphi} \tag{5-22}$$

$$R^2 = \frac{8\sin^2 \varphi}{(3-\sin^2 \varphi)^2} \tag{5-23}$$

如果获取了现今地应力状态，还可以简单地应用井壁上径向应力与周向应力，来判断井壁发生剪切崩落的条件并满足下述关系：

$$\frac{\sigma_\theta - \sigma_r}{2} \geqslant C \cdot \cos\varphi + \left(\frac{\sigma_\theta + \sigma_r}{2}\right) \cdot \sin\varphi \tag{5-24}$$

公式(5-18)～公式(5-24)中，C 为内聚力；φ 为岩石内摩擦角。

对于某一地层来讲，岩石剪切破坏与否主要受岩石周向应力和径向应力制约，导致井壁失稳的关键是井壁岩石所受的周向应力和径向应力的差值，差值越大则越易产生剪切破裂，井壁越易坍塌造成岩石崩落，从而在井壁最大切向应力的方向即最小主应力方向上产生剪切崩落。

5.2.1.2 地层破裂压力预测

地层破裂压力是合理确定井身结构、安全钻井等工作的重要参数，其与地应力关系密切。目前，一般可通过两种途径获取地层破裂压力：一是室内岩石力学测试或者现场水力压裂施工监测，二是利用测井资料计算地层破裂压力。

目前，常用的定量计算地层破裂压力的公式包括：

Hubbert-Willis 公式：

$$P_f = P_o + (0.33 \sim 0.50)(S_v - P_o) \tag{5-25}$$

Anderson 公式：

$$P_f = 2\alpha \cdot \frac{S_v - \alpha P_o}{1-\mu} - \alpha P_o \tag{5-26}$$

Stephn 公式：

$$P_f = P_o + \left(\frac{\mu}{1-\mu} + \gamma\right)(S_v - P_o) \tag{5-27}$$

Terzaghi 公式：

$$P_f = \frac{2\mu P_o + \alpha(1-3\mu)S_v}{1-\mu} \tag{5-28}$$

Haimson-Fairhurst 公式：

$$P_f = \frac{3S_{hmin} - S_{Hmax} + S_t - 2\beta P_o}{2(1-\beta)} \tag{5-29}$$

黄荣樽公式：

$$P_f = P_o + \left(\frac{2\mu}{1-\mu} - \gamma\right)(S_v - P_o) + S_t \tag{5-30}$$

魏氏公式：

$$P_f = \omega P_o + \left(\frac{\mu}{1-\mu}\right)(S_v - \alpha P_o) + S_t \tag{5-31}$$

谭廷栋公式：

$$P_{fx} = \frac{\mu}{1-\mu}S_v + \delta\,\frac{1-2\mu}{1-\mu}\alpha P_o \tag{5-32}$$

$$P_{fy} = \frac{\mu}{1-\mu}S_v + \frac{1-2\mu}{1-\mu}\alpha P_o \tag{5-33}$$

Douglas 公式：

$$P_f = 3S_{hmin} - S_{Hmax} + S_t \tag{5-34}$$

$$P_f = 3S_{hmin} - S_{Hmax} + S_t - P_o \tag{5-35}$$

$$P_f = \frac{3S_{hmin} - S_{Hmax} + S_t - \alpha \dfrac{1-2\mu}{1-\mu} P_o}{2 - \alpha \dfrac{1-2\mu}{1-\mu}} \tag{5-36}$$

Douglas 公式适用的条件如下：公式(5-34)应为无孔隙介质，此时没有孔隙压力问题，也没有压裂液渗滤问题；公式(5-35)为有孔隙压力但压裂液在人工裂缝形成之前不能渗入孔隙介质；公式(5-36)为岩石具有渗透性，压裂液在新裂缝产生之前，已渗入孔隙介质中。

郑有成(2004)考虑不同储层类型其破裂压力不同，以及钻井中需要防止井漏和压裂施工时对地层破裂压力的要求不同，经推导建立了适合于碳酸盐岩地层的破裂压力预测模型：

$$P_f = \alpha P_o + \delta \frac{\mu}{1-\mu}(S_v - \alpha P_o) + C_1 \cdot C_2 \cdot S_t \tag{5-37}$$

上式中，第一项反映了地层孔隙压力对地层破裂压力的影响，第二项反映了由上覆地层压力和地层孔隙压力综合作用的垂直有效应力对地层破裂压力的贡献，第三项反映了岩石抗拉强度对地层破裂压力的影响，各项前的系数反映了各项对地层破裂压力贡献的大小。

周文等(2007)认为，井筒液柱压力要使地层产生新裂缝，其大小必须等于井壁附近最小周向应力和岩石抗拉强度之和。在考虑压裂液具有滤失性、岩石存在渗透性的基础上，经推导得到井壁垂直破裂时地层破裂压力预测公式：

$$P_f = \frac{3S_{hmin} - S_{Hmax} + S_t + \beta P_o \left(1 - \alpha \dfrac{1-2\mu}{1-\mu}\right)}{\alpha\beta \dfrac{1-2\mu}{1-\mu}} \tag{5-38}$$

公式(5-25)～公式(5-38)中，P_f 为破裂压力；P_{fx} 和 P_{fy} 分别为破裂压力的上限和下限；S_v、S_{Hmax} 和 S_{hmin} 分别为垂向主应力、水平最大和最小主应力；α 为 Biot 系数，可据实验或测井计算获取；β 为岩石渗透性系数；ω 为修正系数；δ 为地层水平骨架应力非平衡因子；γ 为构造应力系数；μ 为岩石泊松比；S_t 为附加构造应力；P_o 为孔隙压力；$C_1 = 1$ 表示非裂缝性地层或者孔隙性储层，$C_2 = 1$ 表示压裂施工时的地层破裂压力，$C_2 = 0$ 表示钻井中为防止钻井液重度过大压漏地层而忽略地层抗拉强度时的地层破裂压力。

5.2.1.3　延长组井壁稳定性分析

由于鄂尔多斯盆地延长组现今地应力整体表现为 NE-SW 向的水平最大主应力方向(图 4-7～图 4-10)和正断型应力机制，因此，当在延长组内钻取水平井(图 5-16 中 B 和 C 设计方案)时，由于垂向主应力(S_v)与水平最小主应力(S_{hmin})的差值大于 S_v 与水平最大主应力(S_{Hmax})之差，沿 NW-SE 向施工的水平井(图 5-16 中 C 设计方案)，钻孔井壁相对稳定，而当在其内钻取直井(图 5-16 中 A 设计方案)时，局部水平差应力($S_{Hmax} - S_{hmin}$)较大的地区，具备发生井壁失稳的可能性(图 5-16)。

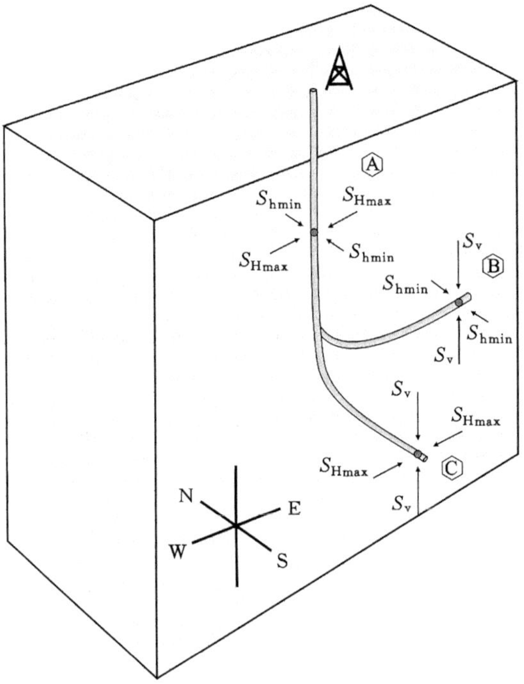

图 5-16　鄂尔多斯盆地延长组井壁稳定性分析图解

(图中 S_v、S_{Hmax}和 S_{hmin}分别为垂向主应力、水平最大和最小主应力。)

5.2.2　地应力与水平井方位

水平井是致密油开发的重要技术手段。当针对砂体钻水平井时，主要考虑砂体展布方向确定水平井段方位。如果针对地层中含有天然裂缝或准备进行压裂施工的水平井时，则水平井段方位与裂缝走向或地应力方向需进行对比、协调。

5.2.2.1　天然裂缝性油藏

天然裂缝是油藏中重要的储油空间和运移通道。致密油藏中天然裂缝发育时，水平井的方位应平行于水平最小主应力方向，此时水平井的井筒方位将切割天然裂缝[图 5-17(a)]，从而获得最大的排油面积和产量。

5.2.2.2　基质低渗透油藏

对于基质低渗透油藏而言，其包含低渗透薄储层和低渗透厚储层两种类型。为增加水平井产量，基质低渗透油藏需要进行压裂。对于低渗透薄储层油藏，水平井井筒一般要平行于水平最小主应力方向，此时进行水力压裂可产生多条垂直于井筒的正交裂缝，从而可增加和扩大储层排油面积；对于低渗透厚储层油藏，水平井井筒一般平行于水平最大主应力方向，此时进行水力压裂将形成平行于井筒的纵向裂缝系统，可扩大储层排油面积[图 5-17(b)]，提高水平井产量。

5.2.2.3　基质高渗透厚储层油藏

基质高渗透性厚储层油藏不需要进行压裂，水平井的方位应平行于水平最小主应力方向，此时水平井井筒与较大渗透率方向垂直，有利于渗流。

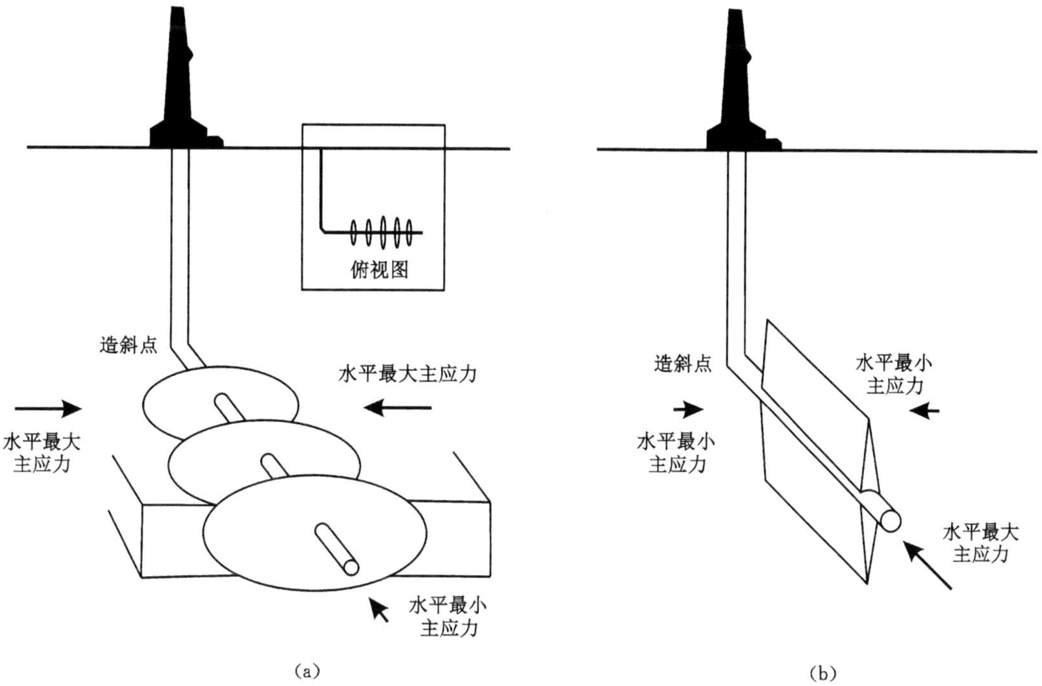

图 5-17　水平井压裂裂缝产状示意图(据刘泽凯等,1994)

对鄂尔多斯盆地延长组致密储层而言,王艳等(2016)研究发现,在天然裂缝较发育区,水平井井筒方位与水平最大主应力夹角对于单井产量影响较小,但夹角较大的井见水较快,投产后的综合含水率上升较快;而在构造微弱、天然裂缝不发育地区,水平井井筒方位与水平最大主应力夹角较大时,可能会导致泄油面积增大,建议水平段方位与水平最大主应力以大角度夹角部署,如此可有效提高致密油产量(图 5-18)。

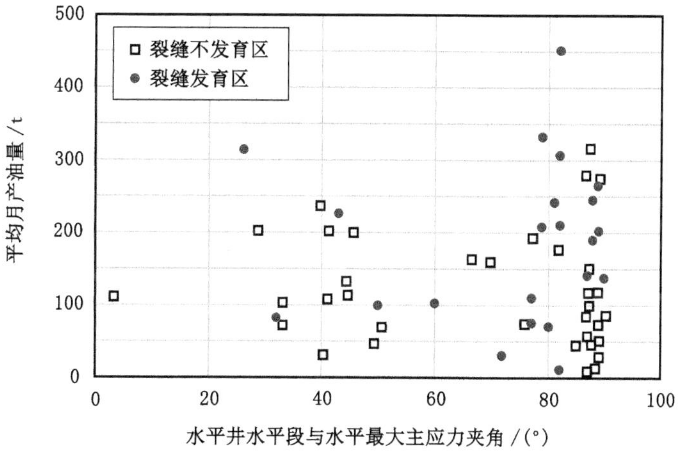

图 5-18　鄂尔多斯盆地水平井水平段方位与主应力的夹角和平均月产油关系图(据王艳等,2016,修改)

5.2.3 地应力与套管损坏

地层中套管变形方式主要有弯曲、挤压和错断，严重影响钻井工程质量。套管损坏的原因很多，除套管本身质量外，还包括盐岩塑性流动压力、固井质量、井身质量、开采过程中的作业和腐蚀等多种因素，可分为化学腐蚀和力学损坏，其中力学损坏占绝对主导地位(周文等，2007)。

导致油田套管力学损坏的根本原因有以下几点：

一是由于地层中流体被开采出来，井筒周围岩石的弹性应力大量释放而形成一个地应力异常低区，周围高压应力致使油井套管发生变形，甚至损坏。

二是随着油田投入开发，为提高开发效果而高强度注水，当注入强度过大且量过多时，就会破坏油藏原有的地应力状态，并且岩石力学性质也会发生明显的变化，造成油藏由力学平衡转换为非平衡状态，进而导致套管承受挤压作用，为发生套管损坏提供基础。

三是目前油田套管设计中，其强度设计往往只考虑了套管自身产生的拉应力和完井时泥浆的外挤压力，没有考虑油田开发过程中地应力对套管的作用。

5.3 现今地应力与致密油开发

5.3.1 地应力与压裂施工设计

5.3.1.1 地应力与压裂液选择

地应力大小对压裂液性能的选择主要体现在对压裂液的摩阻和压裂液流变性等方面。

施工泵压与摩阻的关系可用下式表示：

$$P = 3S_{\mathrm{hmin}} - S_{\mathrm{Hmax}} - P_{\mathrm{o}} + T - P_{\mathrm{w}} + P_{\mathrm{s}} \tag{5-39}$$

式中 P——井口施工泵压；

S_{Hmax}，S_{hmin}——水平最大和最小主应力；

T——岩石抗张强度；

P_{o}——孔隙压力；

P_{w}——井筒内液柱压力；

P_{s}——管线及孔眼摩阻。

当地面施工泵压恒定时，水平最小主应力越大，要求摩阻越小。通常可以通过降低施工排量和降低压裂液黏度以降低施工摩阻。在实际中，排量太低会增加脱砂风险；降低压裂液黏度会导致悬砂性降低，闭合裂缝得不到有效支撑，增产效果会变差。因此，当水平最小主应力大到一定程度时，再降低施工摩阻已不可能，施工摩阻的降低值是有一定限度的。

压裂液的流变参数中，压裂液在水力裂缝内流动时剪切速率 γ 和流动黏度 μ 的设计与地应力大小有关，其计算公式为：

$$\gamma = \frac{0.1Q}{HW^2} = \frac{0.1QE^2}{4H^3(P_{\mathrm{H}} - S_{\mathrm{hmin}})^2} \tag{5-40}$$

$$\mu = K\left(\frac{0.1Q}{HW^2}\right)^{n-1} = K\left[\frac{0.1QE^2}{4H^3(P_{\mathrm{H}} - S_{\mathrm{hmin}})^2}\right]^{n-1} \tag{5-41}$$

式中 γ——压裂液在水力裂缝内流动时的剪切速率；

Q——裂缝内的流量；

H——裂缝高度；

W——裂缝宽度；

K——压裂液的稠度系数；

E——岩石杨氏模量；

P_H——裂缝内的压力；

n——压裂液的流态指数。

5.3.1.2　地应力与支撑剂选择

地应力与地层岩石力学性质对人工裂缝中支撑剂的支撑效果具有重要影响，主要体现在以下两个方面：

① 当地应力较高、地层较硬（岩石杨氏模量较大、泊松比较小）时，人工裂缝中的支撑剂容易被压碎。

② 当地应力较高、地层较软（岩石杨氏模量较小、泊松比较大）时，人工裂缝中的支撑剂容易被嵌入地层（图 5-19）。

上述两种情况的发生均会严重影响支撑效果，减低人工裂缝的导流能力。

图 5-19　支撑剂嵌入软弱地层

支撑剂在人工裂缝中所受压力与水平最小主应力之间具有如下关系：

$$P_H = S_{hmin} - P_{wf} \tag{5-42}$$

式中　P_H——支撑剂所受压力；

P_{wf}——井底流动压力；

S_{hmin}——水平最小主应力。

由此可见，在井底流动压力一定的情况下，水平最小主应力越大，支撑剂所受压力也越大。在实际施工中，应该根据单井地应力情况使用相应的支撑剂，同时还需要结合成本和增产倍数的关系以达到压裂增产效果。

以鄂尔多斯盆地延长油田郑庄区块为例，该区目前采用的支撑剂主要是陶粒和石英砂。根据支撑剂充填层实际导流能力经验，实际导流能力为测试导流能力的 30%～40%，结合支撑剂短期导流能力测试结果，确定该区延长组支撑剂类型：当支撑剂承受压力大于 20 MPa时优先采用陶粒支撑剂，否则优先采用石英砂支撑剂。另外，随着生产时间的推进，储层孔隙压力将不断下降，会导致作用在支撑剂上的有效应力增大，进而发生支撑剂嵌入引起导流能力不断下降。通常，在使用石英砂进行压裂施工的末期，尾追一定比例的陶粒，可以提高近井筒导流能力。

利用不同比例石英砂和陶粒组合支撑剂的导流能力测试，优选最佳组合。随着闭合压力的增大，尾追陶粒的支撑裂缝导流能力下降趋势低于纯石英砂。在低于 20 MPa 闭合压力时，纯石英砂和石英砂＋砂陶粒组合的导流能力随着闭合压力的增加而下降，且其趋势基本相同，纯石英砂下降趋势略大，导流能力均高于 150 $\mu m^2 \cdot cm$。当闭合压力高于 20 MPa 以后，纯石英砂的导流能力下降趋势明显，逐渐低于 100 $\mu m^2 \cdot cm$，但石英砂＋陶粒组合的导流能力能基本维持在 100 $\mu m^2 \cdot cm$ 以上。

从图 5-20 可以看出，90％石英砂＋10％陶粒组合在 30 MPa 前的导流能力始终高于其他两种陶粒组合，其原因是石英砂的密度比陶粒密度要小，在低闭合压力条件下，当石英砂含量高时有利于形成更大的铺置厚度，从而加大了导流室的支撑缝宽。当闭合压力高于 30 MPa 时，80％石英砂＋20％陶粒与 70％石英砂＋30％陶粒组合的导流能力能够维持在 100 $\mu m^2 \cdot cm$ 以上(图 5-20)，其原因在于高闭合压力条件下的石英砂容易大量破碎，而陶粒具有较高的抗压强度，因而对裂缝起到良好的支撑作用，维持了较高的导流能力。

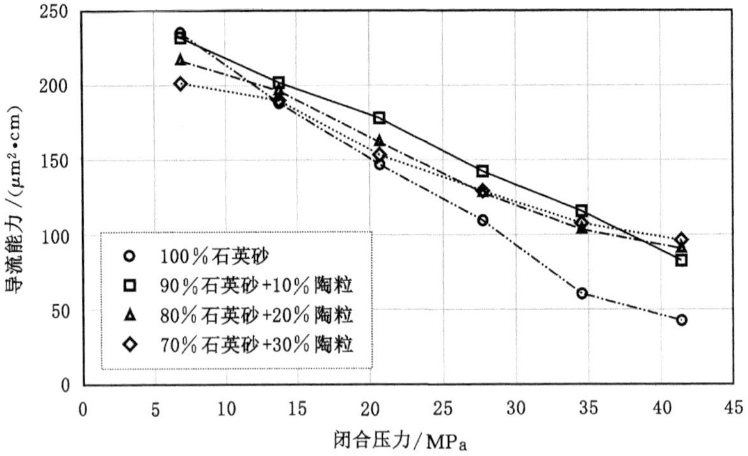

图 5-20　鄂尔多斯盆地延长油田郑庄区块石英砂＋陶粒组合导流能力曲线图

考虑延长油田郑庄区块延长组储层特征，推荐在压裂施工时使用 90％石英砂＋10％陶粒组合作为支撑剂。

5.3.1.3　地应力与施工排量的关系

根据造缝机理，地层被压开主要是因为压裂液在井底憋起高压超过地层的破裂压力所致。因此，在压裂设计时，排量选择的第一个条件就是施工排量大于地层吸收速度。地层吸收速度可利用下式计算：

$$Q = A \times \frac{Q'(P_f - P_o)}{P_o - P_{wf}} \tag{5-43}$$

由于 $P_f \geqslant S_{hmin}$，因此：

$$Q \geqslant A \times \frac{Q'(S_{hmin} - P_o)}{P_o - P_{wf}} \tag{5-44}$$

式中　Q——地层的吸收速度；

Q'——压裂前油气井的稳定日产量；

A——吸收系数，与流体介质黏度有关；

P_o——孔隙压力；

P_f——破裂压力；

P_{wf}——井底流动压力；

S_{hmin}——水平最小主应力。

当地层接近破裂时，施工压力较高，施工排量也随之增大。在地层中一旦形成裂缝，压裂液进入裂缝后，井眼附近的应力集中消失，此后压裂缝沿其长度、宽度和高度方向延伸，延伸压力随着裂缝向地层内部扩展会稍有增加，此时施工排量也达到最大。由于施工所需功率与施工排量、施工压力均呈正比关系，也就是说水平最小主应力越大，压裂施工所需的功率也随之越大(周文等，2007)。

5.3.2 地应力与压裂缝关系

5.3.2.1 地应力与压裂缝扩展方式

众所周知，水力压裂形成的是张裂缝，不同地应力条件形成的压裂缝，其产状存在差异。在不考虑层理面和早期破裂面(如天然裂缝等)等力学结构面的条件下，不同地应力状态下，张破裂类型及其扩展方式如下：

在正断型应力机制，即 $S_v>S_{Hmax}>S_{hmin}$ 的应力状态时，形成垂向张破裂，并且主扩展方向与 S_v 平行[图 1-1(a)]。该类破裂在纵向上的扩展能力强，若顶底层厚度较小时，可造成穿层现象。

在走滑型应力机制，即 $S_{Hmax}>S_v>S_{hmin}$ 的应力状态时，也形成垂向张破裂，但其主扩展方向与 S_{Hmax} 平行[图 1-1(b)]。该类破裂在纵向上的扩张能力相对较弱，顶底层不需要太大厚度即可限制压裂缝扩展。

在逆断型应力机制，即 $S_{Hmax}>S_{hmin}>S_v$ 应力状态时，形成水平张破裂，其扩展方向为径向，一般亦称为径向扩展型[图 1-1(c)]。该类破裂最可能沿地层层理面等近水平的力学薄弱面进行破裂和扩展。

5.3.2.2 地应力剖面类型划分

地应力剖面类型的划分，可为压裂选层提供依据。周文等(2007)根据对川西拗陷侏罗系地应力研究，划分出 5 种典型的应力剖面(图 5-21)：

① 高低高(HLH)型：上下围岩的地应力明显高于压裂层段[图 5-21(a)]，该类地应力剖面压裂缝纵向延伸受围岩所限，穿层的可能性相对较小。

② 低低高(LLH)型：上部围岩地应力与砂岩层地应力差别不大[图 5-21(b)]，该类地应力剖面压裂缝向上容易延伸，穿层可能性大，向下受围岩所限。

③ 高低低(HLL)型：下部围岩地应力与砂岩层地应力差别不大[图 5-21(c)]，该类地应力剖面压裂缝向上受围岩所限，向下容易延伸，穿层可能性大。

④ 互层(HC)型：压裂层与上下围岩地应力差别不大，高低间互[图 5-21(d)]，该类地应力剖面压裂缝向上、向下均容易延伸，穿层可能性相对较大。

⑤ 低应力(LC)型：压裂层与上下围岩地应力差别不大[图 5-21(e)]，该类地应力剖面压裂缝向上、向下均容易延伸，穿层可能性相对较大。

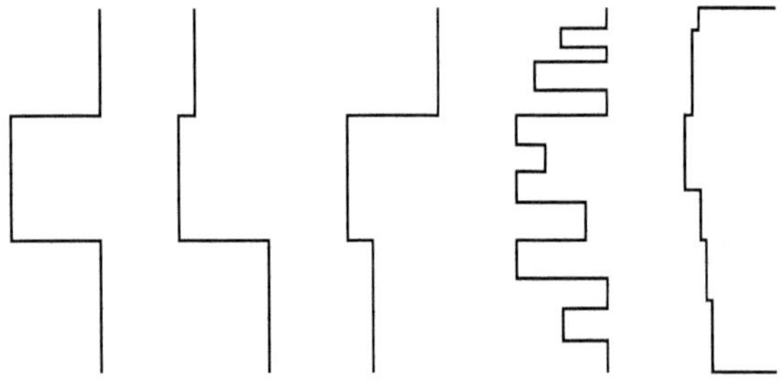

图 5-21　地应力剖面类型示意图(据周文等,2007,修改)
(a) 高低高型;(b) 低低高型;(c) 高低低型;(d) 互层型;(e) 低应力型

5.3.2.3　地应力状态与压裂缝参数

楼一珊等(2000)依据井眼附近地应力场特征,通过推导提出了利用压裂资料估算压裂缝方向的计算公式:

$$\theta=\frac{1}{2}\arctan\frac{2\tau_{xy}}{S_{\mathrm{Hmax}}-S_{\mathrm{hmin}}} \tag{5-45}$$

式中　θ——压裂缝方向;

$S_{\mathrm{Hmax}}, S_{\mathrm{hmin}}, \tau_{xy}$——井眼处地层水平最大、水平最小和平面剪应力。

压裂缝的几何尺寸包括缝宽、缝高和缝长等。对于缝长和缝宽,一般可以利用压裂后试井资料求取,常用的破裂模型包括 PKN 模型和 KGD 模型,而对于不同的破裂模型,其计算方法不同。

(1) PKN 破裂模型

在考虑滤失和初滤失的情况下,任一时刻 t 的裂缝半长扩展模型为:

$$X_{\mathrm{f}}(t)=\frac{q[w(x,t)+2C_0]}{4\delta h_{\mathrm{f}}C_{\mathrm{t}}^2}\left[\mathrm{e}^{x'^2}\mathrm{erfc}(x')+\frac{2x'}{\sqrt{\delta}}-1\right] \tag{5-46}$$

$$x'=\frac{2C_{\mathrm{t}}\sqrt{\delta t}}{w(x,t)} \tag{5-47}$$

缝宽扩展模型为:

$$w(x,t)=w(0,t)\left\{\frac{x}{X_{\mathrm{f}}}\arcsin\frac{x}{X_{\mathrm{f}}}+\left[1-\left(\frac{x}{X_{\mathrm{f}}}\right)^2\right]^{1/2}-\frac{\delta}{2}\frac{x}{X_{\mathrm{f}}}\right\}^{1/4} \tag{5-48}$$

$$w(0,t)=4\left[\frac{2(1-\mu)\mu_{\mathrm{w}}q^2}{\delta^3GC_{\mathrm{t}}h_{\mathrm{f}}}\right]^{1/4}t^{1/8} \tag{5-49}$$

$$\delta=\frac{\Delta t}{t_0} \tag{5-50}$$

式中　x——沿缝长任意位置点与井筒的距离;

$\mathrm{erfc}(x')$——误差余函数;

C_{t}——综合滤失系数;

C_0——压裂液初滤失;

h_{f}——压裂缝高度;

q——压裂液排量;

μ——泊松比；

μ_w——压裂液黏度；

X_f——压裂施工结束后的裂缝半长；

G——剪切模量；

t_0——初始时间；

t——任一压裂施工时间；

Δt——时间差。

滤失系数与不同时间停泵压力的关系式为：

$$C_t = \frac{1}{3.28\sqrt{t-t_0}}\left\{\frac{1}{C'}\left[\frac{\mathrm{ISIP}(t)+P_H}{\mathrm{ISIP}(t_0)+P_H}-1\right]\right\}^{\frac{1}{C''}} \tag{5-51}$$

式中 C_t——综合滤失系数；

P_H——井筒内静液注压力；

ISIP(t)——压裂施工中任一时间 t 的停泵压力；

C',C''——裂缝几何形状的系数，在 PKN 模型中 C' 和 C'' 分别取值 0.202 33 和 0.478 50，在 KGD 模型中 C' 和 C'' 分别取值 0.190 30 和 0.467 67(蒋廷学等，2004)。

对于 PKN 模型，可利用压裂施工参数，按照下式计算压裂缝长度和平均宽度：

$$X_f = \sqrt{\frac{\eta q t E}{\pi\beta h_f P_{net}(1-\mu^2)}} \tag{5-52}$$

$$w = \frac{\pi h_f P_{net}(1-\mu^2)}{2E} \tag{5-53}$$

$$\beta = \frac{2n+2}{2n+3+a} \tag{5-54}$$

式中 X_f——压裂施工结束后的裂缝半长；

w——平均裂缝宽度；

η——压裂液效率；

P_{net}——关井时井底净压力；

n——压裂液的流态指数；

a——压裂液抗降解系数，当 $a=1$ 时表示压裂液黏度从井底到缝端呈线性变化，当 $a=0$时表示压裂液黏度恒定；

E——岩石杨氏模量。

(2) KGD 破裂模型

对于 KGD 破裂模型，在任一时间 t 的裂缝半长为：

$$X_f(t) = \frac{q\sqrt{t}}{2\delta h_f G} \tag{5-55}$$

任一时刻 t 的裂缝宽度为：

$$w(x,t) = w(0,t)(1-f_x^2) \tag{5-56}$$

$$w(0,t) = 1.91\left[\frac{(1-\mu)\mu_w X_f^2(t)}{G h_f}\right]^{1/4} \tag{5-57}$$

$$f_x = \frac{X_f(t)}{X_f} \tag{5-58}$$

对于KGD模型，可利用压裂施工参数，按照公式(5-52)和公式(5-59)计算压裂缝长度和平均宽度：

$$w = \frac{\pi P_{net}(1-\mu^2)}{2E}\beta X_f \tag{5-59}$$

对于KGD模型，公式(5-59)中的 $\beta=0.9$。

对于缝高，目前主要是利用压裂数据拟合、井温测井、同位素示踪剂以及一些地区经验统计关系式进行确定。

5.3.3 应力敏感性评价

地应力状态的改变将会引起储层孔渗变化，并且不同类型储层的渗透率随着地应力的改变存在一定差异。应力敏感性是分析当施加一定有效应力时，岩层物性参数随应力变化而改变的性质，其主要反映了岩石孔隙几何学以及裂缝壁面形态对应力变化的响应。一般而言，应力敏感性越强，流固耦合作用越大，其作用具有两面性：有效应力的增大，一方面导致储层的弹塑性变形，增大了地层的弹性驱油能力，有利于产量的提高；另一方面，有效应力增大会使得地层孔隙被压缩，导致岩石渗透率降低，从而影响产能。

5.3.3.1 应力敏感性模型

不同学者研究岩层物性参数随应力变化关系，提出了不同的应力敏感性模型，包括如下几种主要形式：

(1) 指数形式模型

Wyble(1958)指出，渗透率随有效应力的变化遵循指数关系：

$$K_i(\Delta P) = K_i^* e^{-\gamma_i \Delta P} \tag{5-60}$$

式中 ΔP——有效应力增量；

K_i, K_i^*——测点和初始测点的渗透率；

γ——应力敏感性系数，可据下式计算：

$$\gamma = \frac{1}{K}\frac{\partial K}{\partial P} \tag{5-61}$$

对公式(5-60)两边同时取对数，可获得公式(5-62)所示关系，此时 $\ln K_i$ 与 ΔP 呈线性关系：

$$\ln K_i = \ln K_i^* - \gamma_i \Delta P \tag{5-62}$$

对于孔隙岩层，受应力作用时孔隙压力引起渗透系数的改变，应力与渗透系数的关系可用Louis(1974)提出的实验关系式(指数数学模型)来描述：

$$\varphi(\sigma - P) = \varphi_0 e^{-a(\sigma - P)} \tag{5-63}$$

$$K(\sigma - P) = K_0 e^{-b(\sigma - P)} \tag{5-64}$$

式中 φ, K——岩层受到有效应力作用时的孔隙率和渗透率；

φ_0, K_0——岩层在初始有效应力作用下的孔隙率和渗透率；

σ——岩层中的应力；

P——岩层中的渗透水压力；

a,b——待定系数。

Pedrosa et al.(1986)经研究,同样提出应力敏感性指数形式模型:

$$K = a\mathrm{e}^{-b\sigma_e} \tag{5-65}$$

式中　K——渗透率;

σ_e——有效应力;

a,b——拟合系数。

(2) 对数形式模型

Jones 等(1980)通过对低渗透砂岩储层岩样的应力敏感性进行分析,得到如下有效应力与渗透率之间的关系:

$$K = K_{1\,000}\left[1 - S \cdot \lg\frac{\sigma_e}{1\,000}\right]^3 \tag{5-66}$$

$$S = \frac{1-\left(\dfrac{K}{K_{1\,000}}\right)^{1/3}}{\lg\dfrac{\sigma_e}{1\,000}} \tag{5-67}$$

式中　$K_{1\,000}$——以有效应力 1 000 psi 作为参考标准;

K——渗透率;

S——应力敏感性系数;

σ_e——有效应力。

Ostensen(1983)针对微裂缝发育的低渗透岩样,提出把公式(5-67)中系数 1/3 改为 1/2 更适用,公式一般表示形式为:

$$K = K_0\left[1 - S \cdot \lg\frac{\sigma_e}{\sigma_0}\right]^c \tag{5-68}$$

式中　c——常数,根据具体区块层位而定;

σ_0,σ_e——原地初始有效应力和有效应力;

K_0,K——原地初始有效应力 σ_0 和有效应力 σ_e 条件下的渗透率;

S——应力敏感性系数。

应力敏感系数越大,储层应力敏感性越强。该值由实验获取数据拟合得到,每一块岩样都对应一个应力敏感系数,其值唯一,反映岩样应力敏感性强弱。

(3) 多项式形式模型

范学平等(2002)提出二次三项式应力敏感性模型:

$$\frac{K}{K_0} = c_1\Delta\sigma^2 + c_2\Delta\sigma + c_3 \tag{5-69}$$

式中　K,K_0——渗透率和初始渗透率;

$\Delta\sigma$——有效应力的变化;

c_1,c_2,c_3——拟合系数。

由公式(5-69)可见,应力敏感性主要由 c_1 决定,c_1 值越大,应力敏感性越强。

张守良等(2000)提出三次四项式应力敏感性模型:

$$K = ax^3 + bx^2 + cx + d \tag{5-70}$$

式中　K——渗透率;

x——岩样破坏比；

a,b,c,d——拟合系数。

由公式(5-70)可知，a 和 b 值起主要影响作用，其值越大，应力敏感性越强。

(4) 乘幂形式模型

David 等(1994)提出有效应力与渗透率之间存在乘幂关系：

$$\frac{K}{K_0}=\left(\frac{\sigma_e}{\sigma_0}\right)^{-\alpha} \tag{5-71}$$

式中 σ_0,σ_e——原地初始有效应力和有效应力；

K_0,K——原地初始有效应力 σ_0 和有效应力 σ_e 条件下的渗透率；

α——应力敏感性系数。

(5) 其他形式的模型

Liu 等(1999)根据裂隙岩体的实验结果，得出公式：

$$K=K_0\left[1+\frac{1-R_m}{\varphi_0}\Delta\varepsilon\right]^3 \tag{5-72}$$

式中 K_0,K——原地初始有效应力和有效应力条件下的渗透率；

R_m——岩体分类指数；

$\Delta\varepsilon$——应变；

φ_0——初始孔隙率。

黎水泉等(2001)提出裂缝渗透率、裂缝孔隙率与净应力的关系式：

$$\varphi=\varphi_0\left[1-\left(\frac{P}{n}\right)^m\right] \tag{5-73}$$

$$K=K_0\left[1-\left(\frac{P}{n}\right)^m\right]^3 \tag{5-74}$$

式中 P——净应力；

K——裂缝渗透率；

K_0——初始裂缝渗透率(净应力为零)；

φ——裂缝孔隙率(净应力为零)；

φ_0——初始裂缝孔隙率；

m,n——系数。

不同类型的岩石对应不同的应力敏感性模型，Jones(1975)、Zhao 等(2011)学者发现裂缝性岩石、孔隙性致密砂岩和细粒砂岩分别用对数模型、多项式模型和乘幂模型表征的效果最好。然而，尹尚先等(2006)研究指出，裂缝性岩石、孔隙性岩石和毛细管型岩石的渗透率与有效应力的关系分别符合乘幂模型、指数模型和多项式模型。

5.3.3.2 应力敏感性评价

(1) 行业标准法

行业标准《储层敏感性流动实验评价方法》(SY/T 5358—2010)采用渗透率损害率作为指标评价储层岩石的应力敏感性，并定义了评价标准(表 5-2)：

$$D_k=\frac{k_1-k_{min}}{k_1}\times 100\% \tag{5-75}$$

式中 D_k——渗透率损害率，表征实验样品最终在应力变化下所造成的渗透率损害程度；

k_1——实验中第一个压力步所测的渗透率；

k_{min}——岩样渗透率的最小值，通常为净应力最大时所对应的渗透率。

表 5-2　应力敏感性评价标准(据 SY/T 5358—2010)

渗透率损害率/%	损害程度
$D_k \leqslant 5$	无
$5 < D_k \leqslant 30$	弱
$30 < D_k \leqslant 50$	中等偏弱
$50 < D_k \leqslant 70$	中等偏强
$70 < D_k \leqslant 90$	强
$90 < D_k$	极强

兰林等(2005)认为，行业标准法忽略了应力敏感的特殊性，即钻井、完井和开发中有效应力波动的初始点为原地有效应力。另外，最大有效应力测点的选择受实验人员主观影响和实验仪器额定压力的限制，对同一块岩芯所得到的渗透率的损害率也不一致，给实际工程应用造成麻烦。鉴于上述原因，推荐使用原地应力为初始计算点，根据油藏实际生产情况适当扩大最大有效应力测点，将应力敏感性评价与开采实际结合，有利于储层应力损害程度的准确评价。

(2) 应力敏感性系数法

应力敏感性系数法是一种评价储层岩石应力敏感性的重要方法。该主要方法是通过公式(5-76)对所测得的实验数据进行处理，得到应力敏感性系数，然后依据表 5-3 评价岩样的应力敏感性。

$$S = \frac{1 - \left(\dfrac{K}{K_0}\right)^{1/3}}{\lg \dfrac{\sigma_e}{\sigma_0}} \tag{5-76}$$

式中　S——应力敏感性系数；

σ_0, σ_e——初始测试点有效应力和有效应力；

K_0, K——初始测试点有效应力 σ_0 和有效应力 σ_e 条件下的渗透率。

对公式(5-76)进行转换，即可得到：

$$\left(\frac{K}{K_0}\right)^{1/3} = 1 - S \cdot \lg \frac{\sigma_e}{\sigma_0} \tag{5-77}$$

表 5-3　应力敏感系数法评价应力敏感性标准

应力敏感性系数	应力敏感程度
$S \leqslant 0.3$	弱
$0.3 < S \leqslant 0.7$	中等
$0.7 < S \leqslant 1.0$	强
$1.0 < S$	极强

将有效应力和渗透率无因次化，然后分别求其以 10 为底的对数和 1/3 次幂，再拟合两

者的关系，就可以求得应力敏感性系数。

(3) 储层内应力敏感指数法

李传亮(2006)在研究储层岩石应力敏感性时指出，油气藏岩石同时受外应力(围压)和内应力(孔隙压力)的共同作用，在生产过程中是外应力不变、内应力减小的过程，因此要采用内应力敏感指数进行评价，并将其定义为：

$$SI_{\mathrm{p}}^{\mathrm{k}}=\frac{K_i-K}{K_i}=1-\frac{K}{K_i} \tag{5-78}$$

式中 $SI_{\mathrm{p}}^{\mathrm{k}}$——内应力敏感指数；

K_i——地层原始条件下的渗透率；

K——不同压力条件下的渗透率。

内应力敏感指数法要求初始渗透率要在地层条件下，且在分析时需指明地层压力的下降幅度。为便于对比和评价，储层岩石的应力敏感指数统一取作地层压力下降 10 MPa 时的数值，其评价标准如表 5-4 所示。

表 5-4 内应力敏感指数法评价应力敏感性标准(据李传亮，2006)

内应力敏感指数	应力敏感性
$SI_{\mathrm{p}}^{\mathrm{k}}\leqslant0.1$	弱
$0.1<SI_{\mathrm{p}}^{\mathrm{k}}\leqslant0.3$	中等
$0.3<SI_{\mathrm{p}}^{\mathrm{k}}$	强

5.3.3.3 鄂尔多斯盆地延长组应力敏感性分析

选取鄂尔多斯盆地内不同钻井的延长组长 7 油层组致密砂岩岩芯样品，开展应力敏感性测试，按照长 7 油层组的实际特征，实验中设定了 3.5 MPa、5 MPa、10 MPa、20 MPa、30 MPa 和 40 MPa 等 6 个净应力测试点(表 5-5)。

表 5-5 鄂尔多斯盆地长 7 油层组样品应力敏感性分析结果(据杨孝等，2017)

样品号	3.5 MPa 净应力		40 MPa 净应力		应力敏感系数	评价结果
	孔隙率/%	渗透率/mD	孔隙率/%	渗透率/mD		
H196	9.34	0.20	8.92	0.089	0.22	弱
Z193-3	8.78	0.09	5.93	0.028	0.31	中等偏弱
Z376-1	9.27	0.34	8.07	0.081	0.35	中等偏弱
W233	13.43	0.34	12.05	0.076	0.37	中等偏弱
Z393-1	7.70	0.08	6.31	0.019	0.37	中等偏弱
Z193-2	8.90	0.11	7.73	0.022	0.38	中等偏弱
Z376-3	8.39	0.15	5.61	0.022	0.44	中等偏弱
Z376-4	6.42	0.04	3.77	0.005	0.47	中等偏弱
Z193-1	7.21	0.06	2.70	0.004	0.55	中等偏强
Z393-2	6.92	0.08	2.36	0.004	0.59	中等偏强
Z376-2	7.62	0.06	4.45	0.002	0.63	中等偏强

结果表明，当净应力由 3.5 MPa 升至 40 MPa 时，测试样品的孔隙率和渗透率均呈减小趋势(图 5-22)。孔隙率的变化幅度相对较小，孔隙率损失率平均为 30.53%，而渗透率的变化幅度相对较大，渗透率损失率平均可达 81.05%，说明长 7 油层组应力敏感性主要表现为渗透率的应力敏感性。

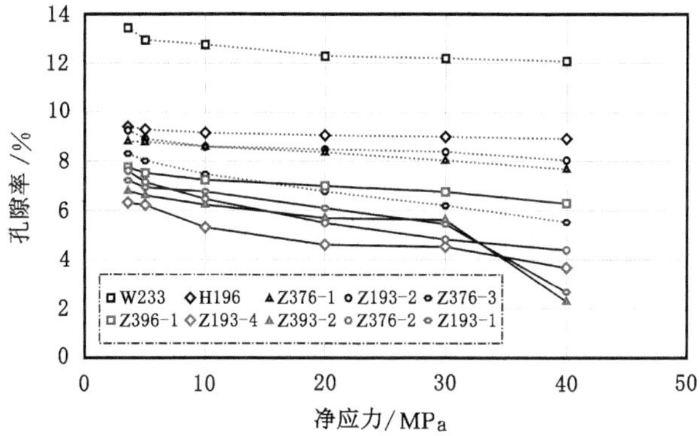

(a)

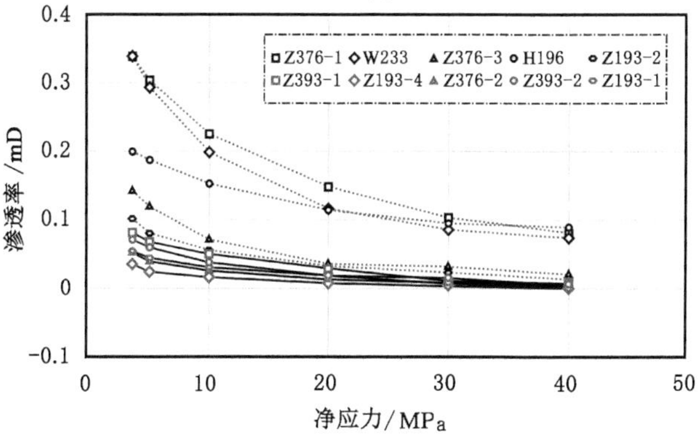

(b)

图 5-22 鄂尔多斯盆地长 7 油层组样品孔隙率和渗透率随净应力变化规律

(a) 孔隙率；(b) 渗透率

根据应力敏感系数法评价应力敏感性的标准(表 5-3)，延长组长 7 油层组内样品的应力敏感性属弱-中等强度(表 5-5)。长 7 油层组的应力敏感性随孔隙率和渗透率的减小呈增强的趋势，且当孔隙率小于 8%、渗透率小于 0.08 mD 时，应力敏感性偏强；反之，应力敏感性偏弱。

杨孝等(2017)研究认为，储层岩石骨架颗粒组分及其含量、填隙物类型及其含量、岩石颗粒粒径和粒级分布、孔隙结构差异是长 7 油层组应力敏感性不同的主要控制因素。储层岩石内塑性组分和水云母发育、粒径小、分选性差、可见孔含量低、喉道尺度小、孔喉半径比值大时，应力敏感性较强，而高岭石和绿泥石发育、细砂粒级高、可见孔含量高、砂岩分选性好、喉道尺度大、孔喉半径比值小的储层应力敏感性较弱。

参考文献

AADNØY B S, BELL J S, 1998. Classification of drilling-induced fractures and their relationship to in-situ stress directions[J]. Log analyst, 39(6): 27-40.

AGOSTA F, ALESSANDRONI M, ANTONELLINI M, et al., 2010. From fractures to flow: a field-based quantitative analysis of an outcropping carbonate reservoir[J]. Tectonophysics, 490(3/4): 197-213.

AKI K, 1966. Earthquake generating stress in Japan for the years 1961 to 1963 obtained by smoothing the first motion radiation patterns[J]. Bulletin of earthquake research institute, 44(2): 447-471.

ANDERSON E M, 1951. The dynamics of faulting and dyke formation with application to Britain[M]. 2nd ed. Oliver, Edinburgh: 206.

ANDERSON R A, INGRAM D S, ZANIER A M, 1973. Determining fracture pressure gradients from well logs[J]. Journal of petroleum technology, 25(11): 1259-1268.

BACHU S, 2008. CO_2 storage in geological media: role, means, status and barriers to development[J]. Progress in energy and combustion science, 34(2): 254-273.

BARTH A, REINECKER J, HEIDBACH O, 2008. Stress derivation from earthquake focal mechanisms[EB/OL]. World stress map project guidelines. http://www-wsm.physik.uni-karlsruhe.de/pub/guidelines.

BAUER J F, MEIER S, PHILIPP S L, 2015. Architecture, fracture system, mechanical properties and permeability structure of a fault zone in Lower Triassic sandstone, Upper Rhine Graben[J]. Tectonophysics, 647/648: 132-145.

BELL J S, 1996a. Petro geoscience 1. In situ stresses in sedimentary rocks (part 1): Measurement techniques[J]. Geoscience canada, 23(2): 85-100.

BELL J S, 1996b. Petro geoscience 2. In situ stresses in sedimentary rocks (part 2): Applications of stress measurements[J]. Geoscience canada, 23(3): 135-153.

BRADLEY W B, 1979. Mathematical concept-Stress Cloud-can predict borehole failure [J]. Oil and gas journal, 77(8): 92-102.

BREDEHOEFT J D, WOLFF R G, KEYS W S, et al., 1976. Hydraulic fracturing to determine the regional in situ stress field, Piceance Basin, Colorado[J]. Geological society of america bulletin, 87(2): 250.

BROOKE-BARNETT S, FLOTTMANN T, PAUL P K, et al., 2015. Influence of basement structures on in-situ stresses over the Surat Basin, southeast Queensland[J]. Journal of geophysical research, 120(7): 4946-4965.

BROWN E T, HOEK E, 1978. Trends in relationships between measured in situ stresses and depth[J]. International journal of rock mechanics and mining sciences & geomechanics abstracts, 15(4): 211-215.

BYERLEE J, MJACHKIN V, SUMMERS R, et al., 1978. Structures developed in fault gouge during stable sliding and stick-slip[J]. Tectonophysics, 44(1/2/3/4): 161-171.

COBLENTZ D D, RICHARDSON R M, 1995. Statistical trends in the intraplate stress field[J]. Journal of geophysical research, 100(B10): 20245-20255.

DAVID C, WONG T F, ZHU W L, et al., 1994. Laboratory measurement of compaction-induced permeability change in porous rocks: Implications for the generation and maintenance of pore pressure excess in the crust[J]. Pageoph, 143(1/2/3): 425-456.

DILLEN M W P, 2000. Time-lapse seismic monitoring of subsurface dynamics[D]. Delft: Delft university of technology: 278.

DINNIK A N, 1925. On rock pressure and calculation of vertical mine shaft shorings [J]. Inzhenernyi rabotnik, 7: 1-12.

EATON B A, 1969. Fracture gradient prediction and its application in oilfield operation [J]. Journal of petroleum technology, 21(10): 1353-1360.

EATON B A, 1972. Graphical method predicts geopressures worldwide[J]. World oil, 182: 51-56.

EIA REPORT. Technically recoverable shale oil and shale gas resources: An assessment of 137 shale formations in 41 countries outside the united states[R]. Independent Statistics & Analysis, U.S. Department of Energy.

ENGELDER T, 1993. Stress regimes in the lithosphere[M]. Princeton: Princeton university press: 457.

FAULKNER D R, MITCHELL T M, HEALY D, et al., 2006. Slip on "weak" faults by the rotation of regional stress in the fracture damage zone[J]. Nature, 444(7271): 922-925.

FINKBEINER T, BARTON C A, ZOBACK M D, 1997. Relationships among in-situ stress, fractures and faults, and fluid flow: Monterey formation, Santa Maria Basin, California[J]. AAPG bulletin, 81(12): 1975-1999.

FRISCH W, MESCHEDE M, BLAKEY R, 2010. Plate tectonics and mountain building[M]//Plate tectonics. Berlin, heidelberg: Springer berlin heidelberg: 149-158.

GOODMAN R E, 1963. Subaudible noise during compression of rocks[J]. Geology of society of america bulletin, 74(4): 487.

HEIDBACH O, BARTH A, MULLER B, et al., 2016a. World stress map scientific technical report (16-01): WSM quality ranking scheme, database description and analysis guidelines for stress indicator [EB/OL]. http://www.world-stress-map.org/fileadmin/wsm/pdfs/WSM_STR_16_01.pdf.

HEIDBACH O, RAJABI M, CUI X F, et al., 2018. The world stress map database release 2016: Crustal stress pattern across scales[J]. Tectonophysics, 744: 484-498.

HEIDBACH O, RAJABI M, REITER K, et al., 2016b. World stress map database release 2016.GFZ data services[EB/OL].http://doi.org/10.5880/WSM.2016.001.

HEIDBACH O,TINGAY M,BARTH A,et al.,2008.The world stress map database release 2008[EB/OL].DOI:10.1594/GFZ.WSM.Rel2008.

HEIDBACH O, TINGAY M, BARTH A, et al., 2010. Global crustal stress pattern based on the world stress map database release 2008[J]. Tectonophysics, 482(1/2/3/4): 3-15.

HILLIS R R,1997.Does the in situ stress field control the orientation of open natural fractures in sub-surface reservoirs? [J].Exploration geophysics,28(1/2):80-87.

HILLIS R R,REYNOLDS S D,2003.In situ stress field of Australia[J].Geological society of america special papers,372:49-58.

HOLLOWAY S,1997.An overview of the underground disposal of carbon dioxide[J]. Energy conversion and management,38:S193-S198.

HOLLOWAY S, 2005. Underground sequestration of carbon dioxide: a viable greenhouse gas mitigation option[J].Energy,30(11/12):2318-2333.

HU X P,ZANG A,HEIDBACH O,et al.,2017.Crustal stress pattern in China and its adjacent areas[J].Journal of asian earth sciences,149:20-28.

HUBBERT M K,WILLIS D G,1957.Mechanics of hydraulic fracturing[R]. Transactions of the AIME,210(1):153-168.

HUNT L,REYNOLDS S,HADLEY S,et al.,2011.Causal fracture prediction:Curvature,stress,and geomechanics[J].The leading edge,30(11):1274-1286.

JARVIE D M,2012.Shale resource systems for oil and gas:Part 2-Shale-oil resource systems[C]//BREYER A. Shale reservoirs-giant resources for the 21st century. AAPG memoir,97:89-119.

JONES F O Jr, 1975. A laboratory study of the effects of confining pressure on fracture flow and storage capacity in carbonate rocks[J].Journal of petroleum technology, 27(1):21-27.

JONES F O,OWENS W W,1980.A laboratory study of low-permeability gas sands [J].Journal of petroleum technology,32(9):1631-1640.

JU W,JIANG B,MIAO Q,et al.,2018a.Variation of in situ stress regime in coal reservoirs,eastern Yunnan region,South China:Implications for coalbed methane production [J].AAPG bulletin,102(11):2283-2303.

JU W, JIANG B, QIN Y, et al., 2019. The present-day in situ stress field within coalbed methane reservoirs, Yuwang Block, Laochang Basin, South China[J]. Marine and petroleum geology,102:61-73.

JU W,LI Z L,SUN W F,et al.,2018b.In-situ stress orientations in the Xiagou tight oil reservoir of Qingxi Oilfield,Jiuxi Basin,northwestern China[J].Marine and petroleum geology,98:258-269.

JU W,SHEN J,QIN Y,et al.,2017a.In-situ stress state in the Linxing region,eastern Ordos Basin,China:Implications for unconventional gas exploration and production[J].

Marine and petroleum geology,86:66-78.

JU W,SHEN J,QIN Y,et al.,2018c.In-situ stress distribution and coalbed methane reservoir permeability in the Linxing area, eastern Ordos Basin, China[J]. Frontiers of earth science,12(3):545-554.

JU W,SUN W F,HOU G T,2015.Insights into the tectonic fractures in the Yanchang Formation interbedded sandstone-mudstone of the Ordos Basin based on core data and geomechanical models[J].Acta geologica sinica (English Edition),89(6):1986-1997.

JU W,SUN W F,LUO J H,2017b.Characteristics of global strong earthquakes and their implications for the present-day stress pattern[J].Journal of earth system science,126(7):1-23.

JU W,SUN W F,MA XJ,2017c.Tectonic stress pattern in the Chinese Mainland from the inversion of focal mechanism data[J].Journal of earth system science,126(3):41.

JU W,WANG K,2018d.A preliminary study of the present-day in situ stress state in the Ahe tight gas reservoir,Dibei Gasfield,Kuqa Depression[J].Marine and petroleum geology,96:154-165.

JU W,YANG Z B,QIN Y,et al.,2018e.Characteristics of in-situ stress state and prediction of the permeability in the Upper Permian coalbed methane reservoir, western Guizhou region,SW China[J].Journal of petroleum science and engineering,165:199-211.

KANG H F,ZHANG X,SI L,et al.,2010.In-situ stress measurements and stress distribution characteristics in underground coal mines in China[J].Engineering geology,116(3/4):333-345.

KINGDON A,FELLGETT M W,WILLIAMS J D O,2016.Use of borehole imaging to improve understanding of the in situ stress orientation of Central and Northern England and its implications for unconventional hydrocarbon resources[J].Marine and petroleum geology,73:1-20.

LEMIEUX J M, 2011. The potential impact of underground geological storage of carbon dioxide in deep saline aquifers on shallow groundwater resources[J].Hydrogeology journal,19(4):757-778.

LI Y,TANG D Z,XU H,et al.,2014.In-situ stress distribution and its implication on coalbed methane development in Liulin area,eastern Ordos Basin,China[J].Journal of petroleum science and engineering,122:488-496.

LIU J, ELSWORTH D, BRADY B H, 1999. Linking stress-dependent effective porosity and hydraulic conductivity fields to RMR[J].International journal of rock mechanics and mining sciences,36(5):581-596.

LOUIS C,1974.Introduction to rock hydraulics[J].Bureau researches geologiques et minieres,Orleans France,111(4):283-356.

MARDIA K V,1972.Statistics of directional data:Probability and mathematical statistics[M].Academic press,London:357.

MATSUKI K,NAKAMA S,SATO T,2009.Estimation of regional stress by FEM for a heterogeneous rock mass with a large fault[J].International journal of rock mechanics and mining sciences,46(1):31-50.

MATTHEWS W R,KELLY J,1967.How to predict formation pressures and fracture gradient from electric and sonic logs[J].Oil and gas journal,65:92-106.

MOGI K,1972.Fracture and flow of rocks[J].Tectonophysics,13(1/2/3/4):541-568.

MULLER B,WEHRLE V,HETTEL S,et al.,2003.A new method for smoothing orientated data and its application to stress data[C]//NIEUWLAND D A. New insights into structural interpretation and modelling.Geological society of london, special publication, 209(1):107-126.

NEWBERRY B M,NELSON R F,AHMED U,1985.Prediction of vertical hydraulic fracture migration using compressional and shear wave slowness[C]//SPE/DOE low permeability gas reservoirs symposium.Denver,Colorado.Society of petroleum engineers,1985.

NIKOLAEVSKIY V N,ECONOMIDES M J,2000.The near-well state of stress and induced rock damage[C]//SPE international symposium on formation damage control.Lafayette,Louisiana.Society of petroleum engineers,2000.

NORDBOTTEN J M,CELIA M A,2011.Geological Storage of CO_2[M].HOBOKEN N J.USA:John Wiley & Sons,Inc.,2011.

OSTENSEN R W,1983.Microcrack permeability in tight gas sandstone[J].Society of petroleum engineers journal,23(6):919-927.

PAN P Z, WU Z H, FENG X T, et al., 2016. Geomechanical modeling of CO_2 geological storage:A review[J].Journal of rock mechanics and geotechnical engineering,8(6):936-947.

PARSONS T,2006.Tectonic stressing in California modeled from GPS observations [J].Journal of geophysical research:Solid Earth,111(B3):1-16.

PEDROSA O A,1986.Pressure transient response in stress-sensitive formation[C]// SPE California regional meeting.Oakland,California.Society of petroleum engineers,1986.

PLUMB R A, HICKMAN S H, 1985. Stress-induced borehole elongation: A comparison between the four-arm dipmeter and the borehole televiewer in the Auburn geothermal well[J].Journal of geophysical research,90(B7):5513-5521.

RAJABI M,SHERKATI S,BOHLOLI B,et al.,2010.Subsurface fracture analysis and determination of in-situ stress direction using FMI logs:An example from the Santonian carbonates (Ilam Formation) in the Abadan Plain,Iran[J].Tectonophysics,,492(1/2/3/4):192-200.

RAJABI M, TINGAY M, HEIDBACH O, 2016. The present-day state of tectonic stress in the Darling Basin, Australia: Implications for exploration and production[J]. Marine and petroleum geology,77:776-790.

RAJABI M,TINGAY M,KING R,et al.,2017.Present-day stress orientation in the Clarence-Moreton Basin of New South Wales,Australia:a new high-density dataset reveals local stress rotations[J].Basin research,29:622-640.

REITER K,HEIDBACH O,SCHMITT D,et al.,2014.A revised crustal stress orientation database for Canada[J].Tectonophysics,636:111-124.

REYNOLDS S,HILLIS R,PARASCHIVOIU E,2003.In situ stress field,fault reactivation and seal integrity in the Bight Basin,South Australia[J].Exploration geophysics,34(3):174-181.

RICHARDSON R M, SOLOMON S C, SLEEP N H, 1979. Tectonic stress in the plates[J].Reviews of geophysics,17:981-1019.

RUTQVIST J,2012.The geomechanics of CO_2 storage in deep sedimentary formations[J].Geotechnical and geological engineering,30(3):525-551.

SCHMITT D R, CURRIE C A, ZHANG L, 2012. Crustal stress determination from boreholes and rock cores:Fundamental principles[J].Tectonophysics,580:1-26.

SIBSON R H, 1996. Structural permeability of fluid-driven fault-fracture meshes[J].Journal of structural geology,18(8):1031-1042.

SPERNER B,MULLER B,HEIDBACH O,et al.,2003.Tectonic stress in the Earth's crust:advances in the World Stress Map project[J].Geological society,london,special publications,212(1):101-116.

THIERCELIN M J, PLUMB R A, 1994. A core-based prediction of lithologic stress contrasts in east texas formation[J].SPE formation evaluation,9(4):251-258.

TIGREK S,SLOB E C,DILLEN M W P,et al.,2003.The role of angle dependent reflection coefficients in seismic reflection data to determine the local state of stress[J].SEG technical program expanded abstracts,22(1):173-176.

VIDAL-GILBERT S, NAUROY J F, BROSSE E, 2009. 3D geomechanical modelling for CO_2 geologic storage in the Dogger carbonates of the Paris Basin[J].International journal of greenhouse gas control,3(3):288-299.

WHITE A J,TRAUGOTT M O,SWARBRICK R E,2002.The use of leak-off tests as means of predicting minimum in-situ stress[J].Petroleum geoscience,8(2):189-193.

WILLIAMS J D O,FELLGETT M W,KINGDON A,et al.,2015.In-situ stress orientations in the UK Southern North Sea:Regional trends,deviations,and detachment of the post-Zechstein stress field[J].Marine and petroleum geology,67:769-784.

WYBLE D O,1958.Effect of applied pressure on the conductivity,porosity and permeability of sandstones[J].Journal of petroleum technology,10(11):57-59.

YIN S,DING W L,ZHOU W,et al.,2017.In situ stress field evaluation of deep marine tight sandstone oil reservoir:A case study of Silurian strata in northern Tazhong area,Tarim Basin,NW China[J].Marine and petroleum geology,80:49-69.

ZENG L B,LI X Y,2009.Fractures in sandstone reservoirs with ultra-low permeability:A case study of the Upper Triassic Yanchang Formation in the Ordos Basin,China[J].AAPG bulletin,93(4):461-477.

ZHANG Y Q,1999.Kinematic history and changes in tectonic stress regime during the Cenozoic along the Qinling and southern Tanlu Fault Zones[J].Acta geologica sinica (English edition),73(3):264-274.

ZHAO J L,TANG D Z,LIN W J,et al.,2019.In-situ stress distribution and its influence on the coal reservoir permeability in the Hancheng area,eastern margin of the Ordos Basin,China[J].Journal of natural gas science and engineering,61:119-132.

ZHAO J Z,XIAO W L,LI M,et al.,2011.The effective pressure law for permeability of clay-rich sandstones[J].Petroleum science,8(2):194-199.

ZHAO W T,HOU G T,2017.Fracture prediction in the tight-oil reservoirs of the Triassic Yanchang Formation in the Ordos Basin,northern China[J].Petroleum science,14(1):1-23.

ZHAO X G,WANG J,QIN X H,et al.,2015.In-situ stress measurements and regional stress field assessment in the Xinjiang candidate area for China's HLW disposal[J].Engineering geology,197:42-56.

ZIEGLER M O,HEIDBACH O,2017.Manual of the Matlab Script Stress2Grid[J/OL].World stress map technical report 17-02,GFZ german research centre for geosciences. DOI:http://doi.org/10.2312/wsm.2017.002.

ZOBACK M D,2007.Reservoir geomechanics[M].Cambridge university press:461.

ZOBACK M D,BARTON C A,BRUDY M,et al.,2003.Determination of stress orientation and magnitude in deep wells[J].International journal of rock mechanics and mining sciences,40(7/8):1049-1076.

ZOBACK M D,MOOS D,MASTIN L,1985.Well bore breakouts and in situ stress[J].Journal of geophysical research,90(B7):5523-5530.

ZOBACK M L,1992.First- and second-order patterns of stress in the lithosphere:The world stress map project[J].Journal of geophysical research,97(B8):11703-11728.

白云来,王新民,刘化清,等,2006.鄂尔多斯盆地西部边界的确定及其地球动力学背景[J].地质学报,80(6):792-813.

蔡美峰,乔兰,李华斌,1995.地应力测量原理和技术[M].北京:科学出版社:232.

曾联波,高春宇,漆家福,等,2008.鄂尔多斯盆地陇东地区特低渗透砂岩储层裂缝分布规律及其渗流作用[J].中国科学(D辑):地球科学,38(S1):41-47.

曾联波,柯式镇,刘洋,2010.低渗透油气储层裂缝研究方法[M].北京:石油工业出版社:187.

曾联波,李忠兴,史成恩,等,2007.鄂尔多斯盆地上三叠统延长组特低渗透砂岩储层裂缝特征及成因[J].地质学报,81(2):174-180.

曾佐勋,樊光明,2008.构造地质学[M].武汉:中国地质大学出版社:226.

陈孟晋,汪泽成,孙粉锦,2006.鄂尔多斯西缘前陆盆地油气地质[M].北京:石油工业出版社:229.

陈勉,陈治喜,金衍,1998.用斜井岩芯的声发射效应确定深层地应力[J].岩石力学与工程学报,17(3):311-314.

邓金根,张洪生,1998.钻井工程中井壁失稳的力学机理[M].北京:石油工业出版社:79.

丁文龙,樊太亮,黄晓波,等,2011.塔里木盆地塔中地区上奥陶统古构造应力场模拟与裂缝分布预测[J].地质通报,30(4):588-594.

丁文龙,姚佳利,何建华,2015.非常规油气储层裂缝识别方法与表征[M].北京:地质出版社:202.

杜金虎,何海清,杨涛,等,2014.中国致密油勘探进展及面临的挑战[J].中国石油勘探,19(1):1-9.

杜栩,郑洪印,焦秀琼,1995.异常压力与油气分布[J].地学前缘,2(4):137-148.

段毅,曹喜喜,赵阳,等,2014.鄂尔多斯盆地中生界低压油藏特征与形成机制[J].地球科学,39(3):341-349.

范学平,徐向荣,2002.地应力对岩心渗透率伤害实验及机理分析[J].石油勘探与开发,29(2):117-119.

丰成君,2014.首都圈地区现今地应力环境研究[D].北京:中国地质科学院:142.

付金华,2018.鄂尔多斯盆地致密油勘探理论与技术[M].北京:科学出版社:336.

付金华,喻建,徐黎明,等,2015.鄂尔多斯盆地致密油勘探开发新进展及规模富集可开发主控因素[J].中国石油勘探,20(5):9-19.

付金华,郑聪斌,2001.鄂尔多斯盆地奥陶纪华北海和祁连海演变及岩相古地理特征[J].古地理学报,3(4):25-34.

高奎,2016.基于测井信息的射孔参数优化设计[D].成都:西南石油大学:85.

高山林,李芳,李天斌,等,2003.汝箕沟晚中生代玄武岩的确定与煤变质作用关系简论[J].煤田地质与勘探,31(3):8-10.

国吉安,庞军刚,王桂成,等,2010.鄂尔多斯盆地晚三叠世延长组湖盆演化及石油聚集规律[J].世界地质,29(2):277-283.

韩军,刘洪涛,2005.差应变分析法在地应力方向研究中的应用[J].石油天然气学报,27(S2):87-88.

韩兴刚,2016.鄂尔多斯盆地致密油气开发实践[J].世界石油工业,23(5):30-34.

何英,2011.高精度曲率分析方法及其在构造识别中的应用[D].成都:成都理工大学:63.

何自新,2003.鄂尔多斯盆地演化与油气[M].北京:石油工业出版社:390.

侯光才,张茂省,刘方,等,2008.鄂尔多斯盆地地下水勘查研究[M].北京:地质出版社:563.

侯贵廷,潘文庆,2013.裂缝地质建模及力学机制[M].北京:科学出版社:201.

侯贵廷,孙雄伟,鞠玮,2018.库车拗陷致密砂岩裂缝定量解析[M].北京:科学出版社:164.

黄荣樽,1984.地层破裂压力预测模式的探讨[J].华东石油学院学报,8(4),335-347.

黄荣樽,陈勉,邓金根,等,1995.泥页岩井壁稳定力学与化学的耦合研究[J].钻井液与完井液,12(3):15-21.

贾承造,郑民,张永峰,2012a.中国非常规油气资源与勘探开发前景[J].石油勘探与开发,39(2):129-136.

贾承造,邹才能,李建忠,等,2012b.中国致密油评价标准、主要类型、基本特征及资源前景[J].石油学报,33(3):343-350.

姜永东，鲜学福，许江，2005.岩石声发射 Kaiser 效应应用于地应力测试的研究[J].岩土力学，26(6)：946-950.

蒋廷学，汪永利，丁云宏，等，2004.由地面压裂施工压力资料反求储层岩石力学参数[J].岩石力学与工程学报，23(14)：2424-2429.

景锋，盛谦，张勇慧，等，2007.中国大陆浅层地壳实测地应力分布规律研究[J].岩石力学与工程学报，26(10)：2056-2062.

鞠玮，侯贵廷，冯胜斌，等，2014a.鄂尔多斯盆地庆城—合水地区延长组长 6_3 储层构造裂缝定量预测[J].地学前缘，21(6)：310-320.

鞠玮，侯贵廷，黄少英，等，2013.库车坳陷依南—吐孜地区下侏罗统阿合组砂岩构造裂缝分布预测[J].大地构造与成矿学，37(4)：592-602.

鞠玮，侯贵廷，黄少英，等，2014b.库车坳陷依南—吐孜地区阿合组砂岩构造裂缝评价[J].北京大学学报(自然科学版)，50(5)：859-866.

鞠玮，侯贵廷，潘文庆，等，2011.塔中Ⅰ号断裂带北段构造裂缝面密度与分形统计[J].地学前缘，18(3)：317-323.

兰林，康毅力，陈一健，等，2005.储层应力敏感性评价实验方法与评价指标探讨[J].钻井液与完井液，22(3)：1-4.

黎水泉，徐秉业，段永刚，2001.裂缝性油藏流固耦合渗流[J].计算力学学报，18(2)：133-137.

李传亮，2006.储层岩石的应力敏感性评价方法[J].大庆石油地质与开发，25(1)：40-42.

李登华，刘卓亚，张国生，等，2017.中美致密油成藏条件、分布特征和开发现状对比与启示[J].天然气地球科学，28(7)：1126-1138.

李方全，刘光勋，1986.我国现今地应力状态及有关问题[J].地震学报，8(2)：156-171.

李方全，祁英男，1988.地壳应力随深度的变化规律[J].岩石力学与工程学报，7(4)：301-309.

李凤，陈俊霖，王成虎，等，2018.利用地应力资料分析首都圈区域潜在断层失稳可能性[J].国际地震动态，48(8)：159-160.

李红南，毛新军，胡广文，等，2014.准噶尔盆地吉木萨尔凹陷芦草沟组致密油储层特征及产能预测研究[J].石油天然气学报，36(10)：40-44.

李克勤，张东升，张世富，等，1992.中国石油地质志：卷十二：长庆油田[M].北京：石油工业出版社：490.

李士祥，施泽进，刘显阳，等，2013.鄂尔多斯盆地中生界异常低压成因定量分析[J].石油勘探与开发，40(5)：528-533.

李文厚，庞军刚，曹红霞，等，2009.鄂尔多斯盆地晚三叠世延长期沉积体系及岩相古地理演化[J].西北大学学报(自然科学版)，39(3)：501-506.

李文厚，邵磊，魏红红，等，2001.西北地区湖相浊流沉积[J].西北大学学报(自然科学版)，31(1)：58-63.

李相博，付金华，陈启林，等，2011.砂质碎屑流概念及其在鄂尔多斯盆地延长组深水沉积研究中的应用[J].地球科学进展，26(3)：286-294.

李彦兴，董平川，2009.利用岩石的 Kaiser 效应测定储层地应力[J].岩石力学与工程学报,28(S1):2802-2807.

李玉喜,肖淑梅,2000.储层天然裂缝与压裂裂缝关系分析[J].特种油气藏,7(3):26-29.

李志明,张金珠,1997.地应力与油气勘探开发[M].北京:石油工业出版社:402.

梁利喜,2008.深部应力场系统评价与油气井井壁稳定性分析研究:以塔河油田为例[D].成都:成都理工大学:156.

林森虎,邹才能,袁选俊,等,2011.美国致密油开发现状及启示[J].岩性油气藏,23(4):25-30.

刘池洋,赵红格,桂小军,等,2006.鄂尔多斯盆地演化-改造的时空坐标及其成藏(矿)响应[J].地质学报,80(5):617-638.

刘池洋,赵红格,王锋,等,2005.鄂尔多斯盆地西缘(部)中生代构造属性[J].地质学报,79(6):737-747.

刘格云,黄臣军,周新桂,等,2015.鄂尔多斯盆地三叠系延长组裂缝发育程度定量评价[J].石油勘探与开发,42(4):444-453.

刘少峰,柯爱蓉,吴丽云,等,1997.鄂尔多斯西南缘前陆盆地沉积物物源分析及其构造意义[J].沉积学报,15(1):157-161.

刘绍龙,1986.华北地区大型三叠纪原始沉积盆地的存在[J].地质学报,60(2):128-138.

刘泽凯,陈耀林,唐汝众,1994.地应力技术在油田开发中的应用[J].油气采收率技术,1(1):48-56.

刘之的,夏宏泉,汤小燕,等,2005.成像测井资料在地应力计算中的应用[J].西南石油学院学报,27(4):9-12.

楼一珊,黄立新,杨群,等,2000.利用地应力计算压裂裂缝几何参数的新方法[J].江汉石油学院学报,22(3):57-58.

马建海,孙建孟,2002.用测井资料计算地层应力[J].测井技术,26(4):347-352.

马寅生,2004.燕山东段-下辽河盆地中新生代盆岭构造及应力场演化[M].北京:地质出版社:119.

牟泽辉,朱宏权,张克银,等,2001.鄂尔多斯盆地南部中生界成油体系[M].北京:石油工业出版社:120.

牛琳琳,2015.核废料处置场址预选区地应力测量研究[D].北京:中国地质科学院:114.

牛小兵,侯贵廷,张居增,等,2014.鄂尔多斯盆地长 6-长 7 段致密砂岩岩心裂缝评价标准及应用[J].大地构造与成矿学,38(3):571-579.

彭华,马秀敏,姜景捷,2011.差应变法地应力测量:以汶川地震断裂带科学钻探 WFSD-1 钻孔为例[J].地质力学学报,17(3):249-261.

冉利民,2004.镇泾油田地应力研究及其应用[D].武汉:中国地质大学(武汉):140.

沈海超,程远方,王京印,等,2008.主方向差应变地应力测量方法[J].新疆石油地质,29(2):250-252.

宋惠珍,贾承造,欧阳健,等,2001.裂缝性储集层研究理论与方法:塔里木盆地碳酸盐岩储集层裂缝预测[M].北京:石油工业出版社:311.

苏春乾,杨兴科,刘继庆,等,2004.从贺兰山区的三叠-侏罗系论国内前陆盆地的研究[J].岩石矿物学杂志,23(4):318-326.

谭廷栋,1990.纵横波速比直观指示气层的解释方法[J].石油学报,11(3):41-49.

汤锡元,郭忠铭,1992.陕甘宁盆地西缘逆冲推覆构造及油气勘探[M].西安:西北大学出版社:156.

万天丰,2004.中国大地构造学纲要[M].北京:地质出版社:387.

万永革,吴逸民,盛书中,等,2011.P波极性数据所揭示的台湾地区三维应力结构的初步结果[J].地球物理学报,54(11):2809-2818.

王驹,2004.我国高放废物深地质处置战略规划探讨[J].铀矿地质,20(4):196-204.

王晓杰,彭仕宓,吕本勋,等,2008.用正交偶极阵列声波测井研究地层地应力场[J].中国石油大学学报(自然科学版),32(4):42-46.

王艳,李伟峰,贾自力,等,2016.水平井水平段方位与最大主应力夹角对产能影响分析:以吴定地区水平井为例[J].非常规油气,3(5):88-91.

王艳华,崔效锋,胡幸平,等,2012.基于原地应力测量数据的中国大陆地壳上部应力状态研究[J].地球物理学报,55(9):3016-3027.

王越,姚昌宇,高志军,等,2014.利用常规测井资料计算地应力:以泾河油田延长组储层为例[J].新疆石油天然气,10(1):92-97.

王允诚,1992.裂缝性致密油气储集层[M].北京:地质出版社:252.

谢富仁,陈群策,崔效锋,等,2003a.中国大陆地壳应力环境研究[M].北京:地质出版社:264.

谢富仁,崔效锋,赵建涛,2003b.全球应力场与构造分析[J].地学前缘,10(S1):22-30.

谢富仁,张世民,窦素芹,等,1999.青藏高原北、东边缘第四纪构造应力场演化特征[J].地震学报,21(5):502-512.

谢润成,2009.川西坳陷须家河组探井地应力解释与井壁稳定性评价[D].成都:成都理工大学:174.

徐海强,2018.鄂尔多斯盆地樊学地区长7段储层岩石力学参数与地应力研究[D].北京:中国地质大学(北京):75.

许忠淮,汪素云,黄雨蕊,等,1989.由大量的地震资料推断的我国大陆构造应力场[J].地球物理学报,32(6):636-647.

杨华,陈洪德,付金华,2012.鄂尔多斯盆地晚三叠世沉积地质与油藏分布规律[M].北京:科学出版社:335.

杨华,梁晓伟,牛小兵,等,2017.陆相致密油形成地质条件及富集主控因素:以鄂尔多斯盆地三叠系延长组7段为例[J].石油勘探与开发,44(1):12-20.

杨华,田景春,王峰,等,2009.鄂尔多斯盆地三叠纪延长组沉积期湖盆边界与底形及事件沉积研究[M].北京:地质出版社:153.

杨俊杰,2002.鄂尔多斯盆地构造演化与油气分布规律[M].北京:石油工业出版社:228.

杨克文,庞军刚,李文厚,2009.坳陷湖盆湖岸线的确定方法:以志丹地区延长组为例[J].兰州大学学报(自然科学版),45(3):13-17.

杨克文,史成恩,万晓龙,等,2008.鄂尔多斯盆地长8、长6天然裂缝差异性研究及其对开发的影响[J].西安石油大学学报(自然科学版),23(6):37-41.

杨树新,姚瑞,崔效锋,等,2012.中国大陆与各活动地块、南北地震带实测应力特征分析

[J].地球物理学报,55(12):4207-4217.

杨孝,冯胜斌,王炯,等,2017.鄂尔多斯盆地延长组长7段致密油储层应力敏感性及影响因素[J].中国石油勘探,22(5):64-71.

姚泾利,邓秀芹,赵彦德,等,2013.鄂尔多斯盆地延长组致密油特征[J].石油勘探与开发,40(2):150-158.

尹尚先,王尚旭,2006.不同尺度下岩层渗透性与地应力的关系及机理[J].中国科学(D辑):地球科学,36(5):472-480.

印兴耀,马妮,马正乾,等,2018.地应力预测技术的研究现状与进展[J].石油物探,57(4):488-504.

翟光明,宋建国,靳久强,等,2002.板块构造演化与含油气盆地形成和评价[M].北京:石油工业出版社:461.

张福礼,黄舜兴,杨昌贵,等,1994.鄂尔多斯盆地天然气地质[M].北京:地质出版社:152.

张国伟,1988.秦岭造山带的形成及其演化[M].西安:西北大学出版社:192.

张泓,何宗莲,晋香兰,等,2005.鄂尔多斯盆地构造演化与成煤作用[M].北京:地质出版社:68.

张景和,孙宗颀,2001.地应力、裂缝测试技术在石油勘探开发中的应用[M].北京:石油工业出版社:130.

张林炎,范昆,刘进东,等,2006.鄂尔多斯盆地镇原—泾川地区三叠系延长组构造裂缝分布定量预测[J].地质力学学报,12(4):476-484.

张培震,邓起东,张国民,等,2003.中国大陆的强震活动与活动地块[J].中国科学(D辑):地球科学,33(S1):12-20.

张守良,沈琛,邓金根,2000.岩石变形及破坏过程中渗透率变化规律的实验研究[J].岩石力学与工程学报,19(S1):885-888.

张炜,李义连,郑艳,等,2008.二氧化碳地质封存中的储存容量评估:问题和研究进展[J].地球科学进展,23(10):1061-1069.

张文正,杨华,解丽琴,等,2011.鄂尔多斯盆地延长组长7优质烃源岩中超微化石的发现及意义[J].古生物学报,50(1):109-117.

张文正,杨华,李剑锋,等,2006.论鄂尔多斯盆地长7段优质油源岩在低渗透油气成藏富集中的主导作用:强生排烃特征及机理分析[J].石油勘探与开发,33(3):289-293.

赵靖舟,2012.非常规油气有关概念、分类及资源潜力[J].天然气地球科学,23(3):393-406.

赵文韬,侯贵廷,张居增,等,2015.层厚与岩性控制裂缝发育的力学机理研究:以鄂尔多斯盆地延长组为例[J].北京大学学报(自然科学版),51(6):1047-1058.

赵文智,王新民,郭彦如,等,2006.鄂尔多斯盆地西部晚三叠世原型盆地恢复及其改造演化[J].石油勘探与开发,33(1):6-13.

赵重远,刘池洋,1990.华北克拉通沉积盆地形成与演化及其油气赋存[M].西安:西北大学出版社:189.

郑有成,2004.川东北部飞仙关组探井地层压力测井预测方法与工程应用研究[D].成都:西南石油学院:143.

周蒂,2005.CO_2 的地质存储:地质学的新课题[J].自然科学进展,15(7):782-787.

周庆凡,杨国丰,2012.致密油与页岩油的概念与应用[J].石油与天然气地质,33(4):541-544.

周文,林家善,张银德,等,2008.镇泾地区曙光油田延长组构造裂缝分布评价[J].石油天然气学报,30(5):1-4.

周文,闫长辉,王世泽,等,2007.油气藏现今地应力场评价方法及应用[M].北京:地质出版社:179.

周新桂,张林炎,范昆,等,2009.鄂尔多斯盆地现今地应力测量及其在油气开发中的应用[J].西安石油大学学报(自然科学版),24(3):7-12.

周新桂,张林炎,黄臣军,2013.华庆探区长 6_3 储层破裂压力及裂缝开启压力估测与开发建议[J].中南大学学报(自然科学版),44(7):2812-2818.

朱焕春,陶振宇,1994.不同岩石中地应力分布[J].地震学报,16(1):49-63.

邹才能,陶士振,侯连华,等,2014.非常规油气地质学[M].北京:地质出版社:463.

邹才能,杨智,崔景伟,等,2013.页岩油形成机制、地质特征及发展对策[J].石油勘探与开发,40(1):14-26.

邹才能,朱如凯,白斌,等,2015.致密油与页岩油内涵、特征、潜力及挑战[J].矿物岩石地球化学通报,34(1):3-17.

邹才能,朱如凯,吴松涛,等,2012.常规与非常规油气聚集类型、特征、机理及展望:以中国致密油和致密气为例[J].石油学报,33(2):173-187.